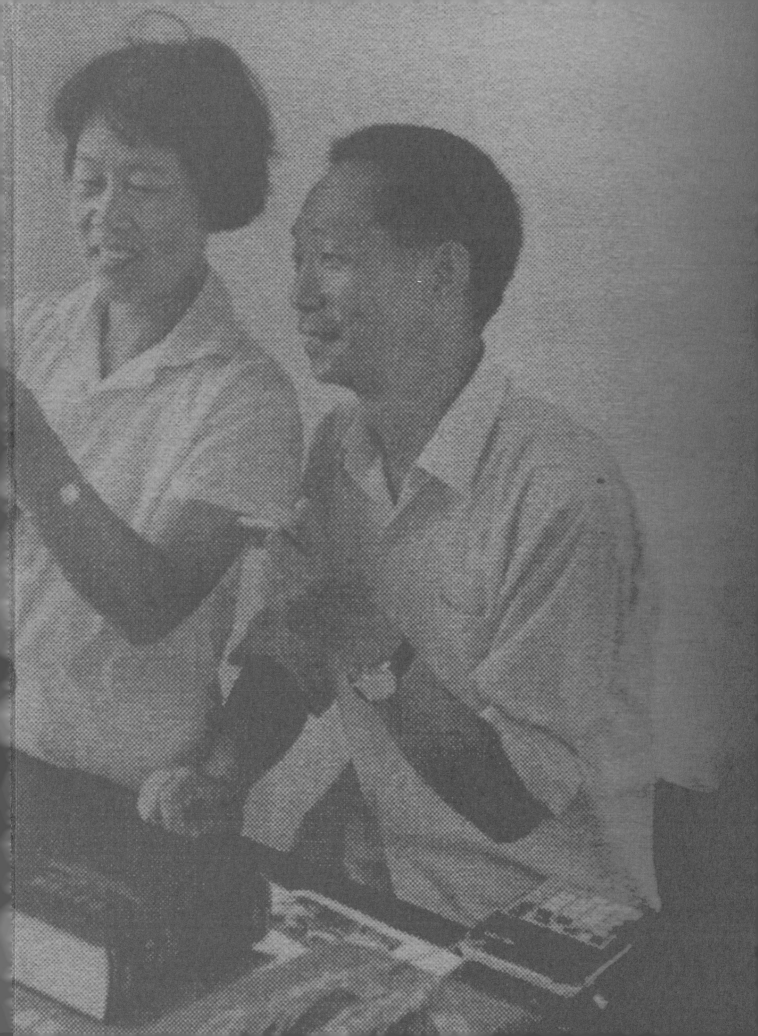

前环衬图片：袁隆平和邓则夫唱妇随做研究

Volume

11

Yuan Longping Collection

Volume 11
Letters

袁隆平全集

第十一卷

书 信

主 编———柏连阳

执行主编———袁定阳

辛业芸

『十四五』国家重点图书出版规划

CS K
湖南科学技术出版社·长沙

本卷编著人员

主　编　毛昌祥

　　　　谢长江　辛业芸

出版说明

　　袁隆平先生是我国研究与发展杂交水稻的开创者，也是世界上第一个成功利用水稻杂种优势的科学家，被誉为"杂交水稻之父"。他一生致力于杂交水稻技术的研究、应用与推广，发明"三系法"籼型杂交水稻，成功研究出"两系法"杂交水稻，创建了超级杂交稻技术体系，为我国粮食安全、农业科学发展和世界粮食供给做出杰出贡献。2019年，袁隆平荣获"共和国勋章"荣誉称号。中共中央总书记、国家主席、中央军委主席习近平高度肯定袁隆平同志为我国粮食安全、农业科技创新、世界粮食发展做出的重大贡献，并要求广大党员、干部和科技工作者向袁隆平同志学习。

　　为了弘扬袁隆平先生的科学思想、崇高品德和高尚情操，为了传播袁隆平的科学家精神、积累我国现代科学史的珍贵史料，我社策划、组织出版《袁隆平全集》（以下简称《全集》）。《全集》是袁隆平先生留给我们的巨大科学成果和宝贵精神财富，是他为祖国和世界人民的粮食安全不懈奋斗的历史见证。《全集》出版，有助于读者学习、传承一代科学家胸怀人民、献身科学的精神，具有重要的科学价值和史料价值。

　　《全集》收录了20世纪60年代初期至2021年5月逝世前袁隆平院士出版或发表的学术著作、学术论文，以及许多首次公开整理出版的教案、书信、科研日记等，共分12卷。第一卷至第六卷为学术著作，第七卷、第八卷为学术论文，第九卷、第十卷为教案手稿，第十一卷为书信手稿，第十二卷为科研日记手稿（附大事年表）。学术著作按出版时间的先后为序分卷，学术论文在分类编入各卷之后均按发表时间先后编排；教案手稿按照内容分育种讲稿和作物栽培学讲稿两卷，书信手稿和科研日记手稿分别按写信日期和记录日期先后编排（日记手稿中没有注明记录日期的统一排在末尾）。教案手稿、书信手稿、科研日记手稿三部分，实行原件扫描与电脑录入图文对照并列排版，逐一对应，方便阅读。因时间紧迫、任务繁重，《全集》收入的资料可能不完全，如有遗漏，我们将在机会成熟之时出版续集。

《全集》时间跨度大，各时期的文章在写作形式、编辑出版规范、行政事业机构名称、社会流行语言、学术名词术语以及外文译法等方面都存在差异和变迁，这些都真实反映了不同时代的文化背景和变化轨迹，具有重要史料价值。我们编辑时以保持文稿原貌为基本原则，对作者文章中的观点、表达方式一般都不做改动，只在必要时加注说明。

《全集》第九卷至第十二卷为袁隆平先生珍贵手稿，其中绝大部分是首次与读者见面。第七卷至第八卷为袁隆平先生发表于各期刊的学术论文。第一卷至第六卷收录的学术著作在编入前均已公开出版，第一卷收入的《杂交水稻简明教程（中英对照）》《杂交水稻育种栽培学》由湖南科学技术出版社分别于 1985 年、1988 年出版，第二卷收入的《杂交水稻学》由中国农业出版社于 2002 年出版，第三卷收入的《耐盐碱水稻育种技术》《盐碱地稻作改良》、第四卷收入的《第三代杂交水稻育种技术》《稻米食味品质研究》由山东科学技术出版社于 2019 年出版，第五卷收入的《中国杂交水稻发展简史》由天津科学技术出版社于 2020 年出版，第六卷收入的《超级杂交水稻育种栽培学》由湖南科学技术出版社于 2020 年出版。谨对兄弟单位在《全集》编写、出版过程中给予的大力支持表示衷心的感谢。湖南杂交水稻研究中心和袁隆平先生的家属，出版前辈熊穆葛、彭少富等对《全集》的编写给予了指导和帮助，在此一并向他们表示诚挚的谢意。

湖南科学技术出版社

总　序

一粒种子，改变世界

一粒种子让"世无饥馑、岁晏余粮"。这是世人对杂交水稻最朴素也是最崇高的褒奖，袁隆平先生领衔培育的杂交水稻不仅填补了中国水稻产量的巨大缺口，也为世界各国提供了重要的粮食支持，使数以亿计的人摆脱了饥饿的威胁，由此，袁隆平被授予"共和国勋章"，他在国际上还被誉为"杂交水稻之父"。

从杂交水稻三系配套成功，到两系法杂交水稻，再到第三代杂交水稻、耐盐碱水稻，袁隆平先生及其团队不断改良"这粒种子"，直至改变世界。走过91年光辉岁月的袁隆平先生虽然已经离开了我们，但他留下的学术著作、学术论文、科研日记和教案、书信都是宝贵的财富。1988年4月，袁隆平先生第一本学术著作《杂交水稻育种栽培学》由湖南科学技术出版社出版，近几十年来，先生在湖南科学技术出版社陆续出版了多部学术专著。这次该社将袁隆平先生的毕生累累硕果分门别类，结集出版十二卷本《袁隆平全集》，完整归纳与总结袁隆平先生的科研成果，为我们展现出一位院士立体的、丰富的科研人生，同时，这套书也能为杂交水稻科研道路上的后来者们提供不竭动力源泉，激励青年一代奋发有为，为实现中华民族伟大复兴的中国梦不懈奋斗。

袁隆平先生的人生故事见证时代沧桑巨变。先生出生于20世纪30年代。青少年时期，历经战乱，颠沛流离。在很长一段时期，饥饿像乌云一样笼罩在这片土地上，他胸怀"国之大者"，毅然投身农业，立志与饥饿做斗争，通过农业科技创新，提高粮食产量，让人们吃饱饭。

在改革开放刚刚开始的1978年，我国粮食总产量为3.04亿吨，到1990年就达4.46亿吨，增长率高达46.7%。如此惊人的增长率，杂交水稻功莫大焉。袁隆平先生曾说："我是搞育种的，我觉得人就像一粒种子。要做一粒好的种子，身体、精神、情感都要健康。种子健康了，事业才能够根深叶茂，枝粗果硕。"每一粒种子的成长，都承载着时代的力量，也见证着时代的变迁。袁隆平先生凭借卓越的智慧和毅力，带领团队成功培育出世界上第一代杂交水稻，并将杂交水稻科研水平推向一个又一个不可逾越的高度。1950年我国水稻平均亩产只有141千克，2000年我国超级杂交稻攻关第一期亩产达到700千克，2018年突破1 100千克，大幅增长的数据是我们国家年复一年粮食丰收的产量，让中国人的"饭碗"牢牢端在自己手中，"神农"袁隆平也在人们心中矗立成新时代的中国脊梁。

袁隆平先生的科研精神激励我们勇攀高峰。马克思有句名言："在科学的道路上没有平坦的大道，只有不畏劳苦沿着陡峭山路攀登的人，才有希望达到光辉的顶点。"袁隆平先生的杂交水稻研究同样历经波折、千难万难。我国种植水稻的历史已经持续了六千多年，水稻的育种和种植都已经相对成熟和固化，想要突破谈何容易。在经历了无数的失败与挫折、争议与不解、彷徨与等待之后，终于一步一步育种成功，一次一次突破新的记录，面对排山倒海的赞誉和掌声，他却把成功看得云淡风轻。"有人问我，你成功的秘诀是什么？我想我没有什么秘诀，我的体会是在禾田道路上，我有八个字：知识、汗水、灵感、机遇。"

"书本上种不出水稻，电脑上面也种不出水稻"，实践出真知，将论文写在大地上，袁隆平先生的杰出成就不仅仅是科技领域的突破，更是一种精神的象征。他的坚持和毅力，以及对科学事业的无私奉献，都激励着我们每个人追求卓越、追求梦想。他的精神也激励我们每个人继续努力奋斗，为实现中国梦、实现中华民族伟大复兴贡献自己的力量。

袁隆平先生的伟大贡献解决世界粮食危机。世界粮食基金会曾于2004年授予袁隆平先生年度"世界粮食奖"，这是他所获得的众多国际荣誉中的一项。2021年5月

22 日，先生去世的消息牵动着全世界无数人的心，许多国际机构和外国媒体纷纷赞颂袁隆平先生对世界粮食安全的卓越贡献，赞扬他的壮举"成功养活了世界近五分之一人口"。这也是他生前两大梦想"禾下乘凉梦""杂交水稻覆盖全球梦"其中的一个。

一粒种子，改变世界。袁隆平先生和他的科研团队自 1979 年起，在亚洲、非洲、美洲、大洋洲近 70 个国家研究和推广杂交水稻技术，种子出口 50 多个国家和地区，累计为 80 多个发展中国家培训 1.4 万多名专业人才，帮助贫困国家提高粮食产量，改善当地人民的生活条件。目前，杂交水稻已在印度、越南、菲律宾、孟加拉国、巴基斯坦、美国、印度尼西亚、缅甸、巴西、马达加斯加等国家大面积推广，种植超 800 万公顷，年增产粮食 1 600 万吨，可以多养活 4 000 万至 5 000 万人，杂交水稻为世界农业科学发展、为全球粮食供给、为人类解决粮食安全问题做出了杰出贡献，袁隆平先生的壮举，让世界各国看到了中国人的智慧与担当。

喜看稻菽千重浪，遍地英雄下夕烟。2023 年是中国攻克杂交水稻难关五十周年。五十年来，以袁隆平先生为代表的中国科学家群体用他们的集体智慧、个人才华为中国也为世界科技发展做出了卓越贡献。在这一年，我们出版《袁隆平全集》，这套书呈现了中国杂交水稻的求索与发展之路，记录了中国杂交水稻的成长与进步之途，是中国科学家探索创新的一座丰碑，也是中国科研成果的巨大收获，更是中国科学家精神的伟大结晶，总结了中国经验，回顾了中国道路，彰显了中国力量。我们相信，这套书必将给中国读者带来心灵震撼和精神洗礼，也能够给世界读者带去中国文化和情感共鸣。

预祝《袁隆平全集》在全球一纸风行。

刘旭，著名作物种质资源学家，主要从事作物种质资源研究。2009 年当选中国工程院院士，十三届全国政协常务委员，曾任中国工程院党组成员、副院长，中国农业科学院党组成员、副院长。

凡　例

1.《袁隆平全集》收录袁隆平 20 世纪 60 年代初到 2021 年 5 月出版或发表的学术著作、学术论文，以及首次公开整理出版的教案、书信、科研日记等，共分 12 卷。本书具有文献价值，文字内容尽量照原样录入。

2.学术著作按出版时间先后顺序分卷；学术论文按发表时间先后编排；书信按落款时间先后编排；科研日记按记录日期先后编排，不能确定记录日期的 4 篇日记排在末尾。

3.第七卷、第八卷收录的论文，发表时间跨度大，发表的期刊不同，当时编辑处理体例也不统一，编入本《全集》时体例、层次、图表及参考文献等均遵照论文发表的原刊排录，不作改动。

4.第十一卷目录，由编者按照"×年×月×日写给××的信"的格式编写；第十二卷目录，由编者根据日记内容概括其要点编写。

5.文稿中原有注释均照旧排印。编者对文稿某处作说明，一般采用页下注形式。作者原有页下注以"※"形式标注，编者所加页下注以带圈数字形式标注。

7.第七卷、第八卷收录的学术论文，作者名上标有"#"者表示该作者对该论文有同等贡献，标有"*"者表示该作者为该论文的通讯作者。对于已经废止的非法定计量单位如亩、平方寸、寸、厘、斤等，在每卷第一次出现时以页下注的形式标注。

8.第一卷至第八卷中的数字用法一般按中华人民共和国国家标准《出版物上数字

用法的规定》执行，第九卷至第十二卷为手稿，数字用法按手稿原样照录。第九卷至第十二卷手稿中个别标题序号的错误，按手稿原样照录，不做修改。日期统一修改为"××××年××月××日"格式，如"85—88年"改为"1985—1988年""12.26"改为"12月26日"。

9.第九卷至第十二卷的教案、书信、科研日记均有手稿，编者将手稿扫描处理为图片排入，并对应录入文字，对手稿中一些不规范的文字和符号，酌情修改或保留。如"弗"在表示费用时直接修改为"费"；如"∴"表示"所以"，予以保留。

10.原稿错别字用〔〕在相应文字后标出正解，如"付信件"改为"付〔附〕信件"；同一错别字多次出现，第一次之后直接修改，不一一注明，避免影响阅读。

11.有的教案或日记有残缺，编者加注说明。有缺字漏字，在相应位置使用〔〕补充，如"无融生殖"修改为"无融〔合〕生殖"；无法识别的文字以"□"代替。

12.某些病句，某些不规范的文字使用，只要不影响阅读，均照原稿排录。如"其它""机率""2百90""三～四年内""过P酸Ca"及"做""作"的使用，等等。

13.第十一卷中，英文书信翻译成中文，以便阅读。部分书信手稿为袁隆平所拟初稿，并非最终寄出的书信。

14.第十二卷中，手稿上有许多下划线。标题下划线在录入时删除，其余下划线均照录，有利于版式悦目。

目录

则妻：8.8. 离开长沙，乘火车经株州、贵阳、于12日始抵昆明，17日乘汽车经西南方向，于20日才达目的地——元江县。长途跋涉，很是疲劳，尤其近来各处的交通运输情况都是半瘫痪状态，乘客拥挤之状尤难形容。真是行车艰难，寸行时艰。一路上，我都在挂念着你和小二一，不知小二一近来怎样？头上的疮是否痊愈了？会讲话了没有？请速来信告之。

元江是云南最热的地方，地势特殊，四方皆高山，中间一个下凹的盆地，大约比安江的盆地还稍大一点。水稻可一年三熟，有典型的热带气候，降水较少，蒸发多，到处是香蕉、菠萝，及蓖麻等热带植物。山坡上的仙人掌长到1-2米高，花坛墙上的壁虎

美好不可□□收。此地也是少数民族杂居之地，
奇装异服，很多可收。

我认为元江县农科场，离城三公里，是
农技站也没在此好。云南每县只有一个农技站，
因此所接触和见到都比邮局的大而多。办公
室还有沙发。这些好处也有些之我同村
同学的分析，一谈起来就比较准足了。因为
生活些也比较好。我打算在这了吃药，拍摄
方便回邮寄，等我探亲时（5510日底）再来
鉴定。如果时局技术定，将戏须把你和小
三一带到重庆去一趟。你看怎样多不好说
了，请速回信。

顺致

匀好

通讯处：云南元江县
农科场戎志怡收。 1967. 8. 19.

则妻：

　　8 月 8 日离开长沙，乘火车经柳州、贵阳于 12 日始抵昆明，17 日乘汽车来往西南方向行 2 日才达目的地——元江县。长途跋涉，很感疲劳，尤其近来各地的交通运输情况都是半瘫痪状态，乘客拥挤之状实难形容，真是在家千日好，出门时时难。一路上，我都在想念着你和小五一。不知小五一近来怎样？头上的疱是否痊愈了？会讲话了没有？请速来信告之。

　　元江是云南最热的地方，地势特殊，四面皆高山，中间一个下凹的平坝，大约比安江的平地还略大一点，水稻可一年三熟，为典型的热带风光，除水稻、蔗田外，到处是香蕉、蕃木瓜、龙舌兰及菠萝等热带植物。山野里的仙人掌长到 1~2 丈高，夜晚墙上的壁虎多得不可胜数，此地也是少数民族杂居之处，奇装异服，很为别致。

　　我现住元江县良种场，离城 3 公里，县农技站也设在此处。云南每县只有一个农技站，因此规模和人员都比湖南的大而多。办公室还有沙发。这里的干部也有几个是我同班同学的学生，一谈起来就比较熟悉了，因而生活上也比较好。我打算在这里育苗，插秧后便回湖南（约 20 天，即 9 月初），待抽穗时（约 10 月底）再来鉴定。如果到那时时局较稳定，将顺便把你和小五一带到重庆去一趟，你看怎样？不多说了，请速回信。

　　顺致

近好

袁隆平

1967 年 8 月 19 日

通讯处：云南元江县良种场或农技站

1975.11.4）

长江：

　　在全国水稻杂优研究会议期间，阅到你的来信。满纸热情洋溢，文字活泼流利，你在各方面都大大提高了。对此，我无到地举高兴和欣慰。~~~~我们分别十八年了，但如今在我脑海中留下来的印象，仍然是那个廿年前天真聪敏的调皮少年。尽管你现在已经是几个孩子的爸了。

　　从67年起，我就专心从事水稻杂种优势研究工作，已在省农科院工作了三年，但编制仍在安江（老婆女，此是不放，老是要退回，一直处于拉锯似居状）。其实，多年来我大部分时间在外地搞试验，印象

长沙、秋南宁、冬海南，南北辗转，
一年三代。由于四处奔波，加上长期胃
病，以致头发白尽了，显得苍老和瘦。
邂逅之下，你可能不识我了。人生多
老是生物学规律，这倒没有什么悲哀
的。

我有3个女孩，大的9岁，两岁一个。
邓只一还在这儿从农科所工作，小孩
在托儿所婆家里。现因为我的工作
举棋未定，流动性又大，同时合不敢
在儿处，造成有些分地方。地委和子女
候省下次来此参在地邓只调到孝感女，但
县委孝感当实难，恐县又不肯放，看来，

还切实抓好方法论和些催促才行，老
实说，过去我几乎把全部精力和时间都集
中在试验工作上，很少过问家庭问题，
邓则对此些纸说解和埋怨，不过，一家
人长期这样处于分散状态，我若再不
过问，那也很不应该了。

自从你匆匆离校后，一直在想着
跨与你见一次面，重温昔时师生之谊，
（这也是人生一大快事）可始终没有这样的
机缘，实在有些遗憾！好在未知方长，
如今交通越来越方便，加之我们又是处
在同一条战线上的战友，同此，我们相
见之期，一定会有的。老兄初步计划今冬

到海南制种八、九千亩，又将是一个千军万马下海南的热闹局面。你如果有机会，应争取去一趟，这对发展南和互惠些参也均有帮助。我从12月初到明年4月中这一段时期都会在那里，地址是：崖县荔枝沟大审站湖南科队。以此热烈欢迎你来玩！

顺政

敬礼

袁隆平 11.4.
(1975年)

(1975年11月4日

长江：

在全国水稻杂优研究会议期间，阅到你的来信。满纸热情洋溢，文字活泼流利，你在各方面都大大提高了，对此，我感到非常高兴和欣慰。我们阔别十八年了，但如今在我脑际中留下来的印象，仍然是那个廿年前天真聪敏的活泼少年，尽管你现在已经是几个孩子的爸爸了。

从1967年起，我就专门从事水稻杂种优势研究工作，已在省农科院工作了五年，但编制仍在学校（省里要，地委不放，省里又不让回，一直处于拉锯状）。其实，多年来我大部分时间在外地搞试验，即夏长沙、秋南宁、冬海南，南北辗转，一年三代。由于四处奔波，加上长期胃病，以致身体垮了，显得苍老而消瘦，邂逅之下，你可能不认识我了。不过人生易老是生物学规律，这倒没有什么悲哀的。

我有3个男孩，大的9岁，两岁一个，邓则现在黔阳县农科所工作，小孩在托口外婆家里。主要因为我的工作单位未定，流动性又大，因此全家分散在几处，感到有些伤脑筋。地委和学校领导多次点头答应把邓则调到学校，但点头容易落实难，县里硬不肯放，看来，还得要我多方设法和加紧催促才行。老实说，过去我几乎把全部精力和时间都集中在试验工作上，很少考虑家庭问题，邓则对此也很理解和体谅。不过，一家人长期这样处于分散状态，我若再不过问，那就很不应该了。

自从你们毕业离校后，一直在想着能与你见一次面，重温昔时师生之谊（这也是人生一大快事），可始终没有这样的机缘，实在有些遗憾！好在来日方长，如今交通越来越方便，加之我们又是处在同一条战线上的战友，因此，我们相见之日一定会有的。省里初步计划今冬到海南制种八九千亩，又将是一个千军万马下海南的热闹局面。你如果有机会，应争取去一趟，于增长见闻和熟悉业务均有帮助。我从12月初到明年4月中这一段时期都会

在那里，地址是：崖县荔枝沟火车站湖南育种队。盼望和欢迎你

来玩！

　　顺致

敬礼

袁隆平

11月4日（1975年）

The International Rice Research Institute

Memorandum　1981年3月24日于IRRI

To:

From:

Subject:

哲妻：

前〈信料已收悉。明日这里有人家去中国访问，特托他们捎一封平安〈信。我来这里已半个月了，迄今尚未发过肠胃病，身体和精神状态均比上次好得多，原因在于我这次代了一些对症的好中成药，若于有虑不适，便服药预防，收效甚好。

还有几〈件事情：

一、家作的试验种子，莫忘了晒种，并请可靠的人管好。

②、曹老师和王业甫都想买收录机，此地∅喇叭的价约命270～280元一台，加上打税，估计要470=480元，但我只能带一个，他们谁愿意要，请来信告之。

③、关于王业甫调工作一事，在长沙时我去农业厅科教处谈了一下，他们说科教处主要缺笔杆子，而且是执主笔的。看来，他调教处不那么容易，需再做工作或另找单位。

　　妈：升婆的身体、精神近况好吗！注作多些、睡觉足，一家平安，才是最大的幸福。请来信。

　　　　　　　　　　　黄耀平 1981.
　　　　　　　　　　　　　　3.24.于
　　　　　　　　　　　　　　IRRI

哲妻^①：

前信料已收悉，明日这里有专家去中国访问，特托他们捎一封平安信。我来这里已半个月了，迄今尚未发过肠胃病，身体和精神状态均比上次好得多，原因在于我这次带了一些对症的好中成药，若稍感不适，便服药预防，收效甚好。

还有几件事情：

①交你的试验种子，莫忘了播种，并请可靠的人管好。

②曹老师和王业甫都想买收录机，此地四喇叭的价约币270～280元一台，加上打税，估计要470～480元，但我只能带一个，他们谁愿意要，请来信告之。

③关于王业甫调工作一事，在长沙时我去农业厅科教处谈了一下，他们说科教处主要缺笔杆子，而且是执主笔的。看来，他调科教处不那么容易，需再做工作或另找单位。

奶奶、外婆的身体、精神近况好吗？望你多多照顾、一家平安，才是最大的幸福。请来信。

袁隆平

1981年3月24日于IRRI^②

---

① 邓哲是袁隆平妻子邓则的曾用名。
② IRRI：国际水稻研究所。

湖南杂交水稻研究中心

Sept. 27, 1984

Dear Drs Khush and Virmani :

I am pleased on receiving your letters concerning the manual of hybrid rice and the 16th GEU training program which you have planned.

As I told you before that the manual had been finished in Chinese last year. But because of my poor English I am unable to translate it into English. This only can be done after I arriving IRRI with your help.

As for the lectures on agronomic management and genetic studies, I would like to recommend you two persons who are competent to the task. One is called Ren Hung-I . a geneticist graduated from Peking University in 1960. Now he is the head

湖南杂交水稻研究中心

of the basic ~~Research~~ department in Hybrid Rice Research Center. The other one called 国 , an associate professor in Hunan Teachers College, who has rich experience in hybrid rice cultivation. If you agree to my suggestion, please ~~write~~ invite. them through CAAS and let them know the detaile of their lectures, so they ~~will~~ that will prepare the handouts ~~in avance~~ advance.

My arrival at IRRI may be ~~in~~ by the end of Oct.. The exact date ~~will cable you~~ is not confirmed yet, but I shall let you know by cable as soon as possible.

With best regards

Yours sincerely

C. P. Yuan

尊敬的库西博士和费马尼博士：

　　我很高兴收到了你们关于杂交水稻的手册和你们已经筹划好了的第 16 届 GEU① 培训计划的来信。

　　正如我此前已经告诉你们的，这本手册去年已经完成了中文版，但是我还要将它翻译成英文，这个要等我到国际水稻研究所之后，在你们的帮助下进行。

　　而讲课内容中关于栽培管理和遗传研究的部分，我向你们推荐两位有能力承担这个任务的人：一位是 1960 年毕业于北京大学的遗传学家邓鸿德，他现在是杂交水稻研究中心基础理论研究室的主任；另一位是在杂交水稻栽培上很有经验的湖南师范学院的副教授周广洽。如果你们同意我的推荐，请通过中国农科院邀请他们，并告知这些课程的要求和细节，以便他们准备讲稿。

　　我可能在 10 月底去国际水稻研究所，具体日期还没有确定，但我会通过电传尽快告诉你们。

　　致以问候

敬礼

　　　　　　　　　　　　　　　　　　　　　　　　　　　袁隆平

　　　　　　　　　　　　　　　　　　　　　　　1984 年 9 月 27 日

---

① GEU：菲律宾国际水稻研究所遗传评价利用。

湖南杂交水稻研究中心

指妻：

　　与去年12月中旬的一个早晨一样，此刻我是在北京机场候机室给你写平安信，我将在2小时后抵广州时将此信才投邮。

　　关于买洗衣机之电已收悉，不过别人都说，用一个难得到的指标买洗衣机是不合算的，但不管怎样，这次回国时一定买一个双缸洗衣机回来，向田岁问安！就此

地　址：长沙市东郊马坡岭

（1985年3月1日晨9时）

袁隆平 85.3.1 晨9时

哲妻：

　　与去年 12 月中旬的一个早晨一样，此刻我是在北京机场候机室给你写平安信，我将在 2 小时后抵广州时将此信投邮。

　　关于买洗衣机之电已收悉，不过别人都说，用一个难得的免税指标买洗衣机是不合算的，但不管怎样，这次回国时一定买一个双缸洗衣机回家，向母亲问安！匆此。

　　　　　　　　　　　　　　　　　　　　　　袁隆平

　　　　　　　　　　　　　　　　　1985 年 3 月 1 日晨 9 时

1985年5月25日于中农科院

哲妻如面:

我们一行三人定于明(26日)晨乘机经香港转马尼拉,大约下午5时可抵国际水稻所,这次出国的任务是开会,在菲们逗留10天左右,预计下月10日前回国。

在京给你买了两条裙子和一件汗衫(两黑一深蓝),这是我第一次买裙子,不知什么号码适合你穿,只好买两条让你选择。这些东西我托人带回长沙,待回国后再带来安江。

颜学明回接后,叫他把我从国际水稻所带的药品要在六月

十五日前播种、本田安排在中古垒
1号田。

母亲近事身体好吗？甚念！请
你对她老人家加信照顾，春芽望
服侍她好了。余再谈

　　　顺祝

近好

　　　　　　　　　　　　　隆 85.5.25.
　　　　　　　　　　　　　于中农院

哲妻如面：

我们一行五人定于明（26 日）晨乘机经香港转马尼拉，大约下午 5 时可抵国际水稻所，这次出国的任务是开会，在菲停留 10 天左右，预计下月 10 日前回国。

在京给你买了两条裙子和一件汗衫（两黑一深蓝），这是我第一次买裙子，不知什么号码适合你穿，只好买两条供你选择。这些东西我托人带回长沙，待回国后再带来安江。

颜学明回校后，要他把我从国际水稻所带的新品系在六月十五日前播种，本田安排在中古盘 1 号田。

母亲近来身体好否？甚念！请你对她老人家加倍照顾，并春节专门服侍她好了。余再谈。

顺祝

近好

隆平

1985 年 5 月 25 日于中农院

INTERNATIONAL RICE RESEARCH INSTITUTE
P.O. BOX 933, MANILA, PHILIPPINES

湖南省长沙市
省农科院杂交水稻中心
灵寿同志启

国际水稻研究所　袁隆平

Air mail

昌祥、无防、坤炉：

根据中国种子公司的意见，我在此与该境外
种子公司商定，在今年7月底前向该公司提
供Ⅱ-32A×IR54杂交种子6000公斤和Ⅱ-32A
种子100公斤（另50公斤父本B）。请你们设法
安排，尽早完成这项任务，以便我中心与外
国公司做第一笔买卖。

有关技术上的问题，请张慧廉多多指导。
IR54种子可向福建农科院李仁溥老师
或广西、广东农科院引进（最好是福建的）。

几点意见：①抽穗期不迟于6月10日 ②IR54应
选择生殖期长、证明具有较高产力的株系。

我初定在6月11日回国，详情届时面谈。
即此

礼

袁隆平 85.5.31.
于IRRI

昌祥、天锡、坤炉：

　　根据中国种子公司的意见，我在此与卡捷尔种子公司负责人商定，在今年十月底前向该公司提供 II-32A×IR54 杂交种子 1,000 公斤和 II-32A 种子 100 公斤（另 50 公斤父本 B）。请你们设法安排，尽量完成这项任务，做好我中心与外国公司的第一笔买卖。

　　有关技术上的问题，请张慧廉负责指导，IR54 种子可向福建农学院杨仁崔老师或广西、广东农科院引进（最好是杨的）。个人意见：①播种期不迟于 6 月 10 日；② IR54 应是经过测交证明具有恢复力的纯种子。

　　我初定在 6 月 11 日回国，详情再面谈。

　　匆此

致礼

袁隆平

1985 年 5 月 31 日

于 IRRI

昌祥：

　　说好的开会脱不开身。明日
赴田先江·春节后再来。有几件
事烦你费心办：

　　一、给王R柱王位马庄读者请出目，
并加上详细修改意见后寄去。

　　二、前天给书社寄森的习作，听说又
找到他第二封信。请将两信都
看一遍，找出的情意思······
你妥善安排。

　　可家文章的发表日期已告知·······

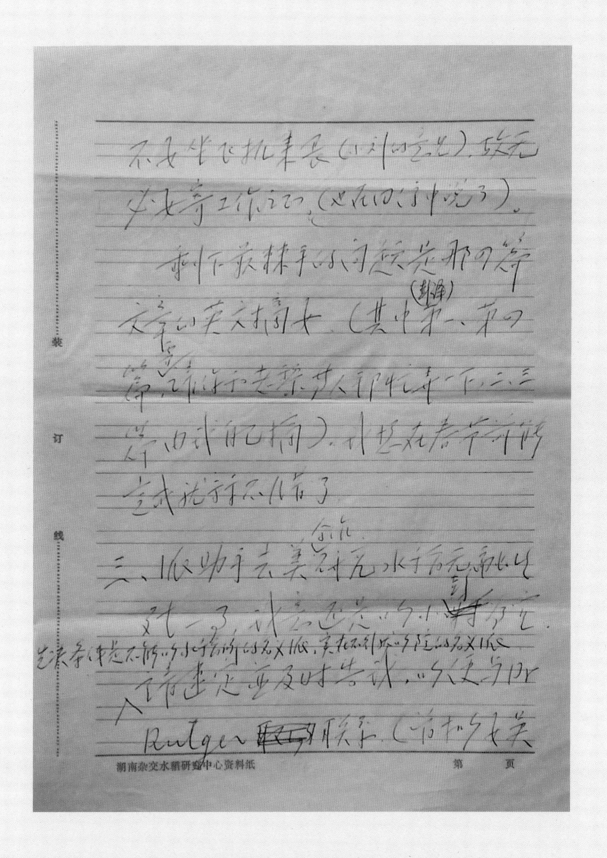

咏华同志，经办理，此关系太差，在
附附住，较住置。）

如，有些变了，请及时报告伐
拈停山）。

小好   肖风呈
                      86.2.14.

昌祥：

祝你们开会胜利归来。明日我回安江，春节后再来。有几件事烦你费心力：

一、给 IRRI 伍马尼①之信请过目，并加上你的修改意见后寄出。

二、前天发出给李梅森的回信，昨天又接到他第二封信，请将两信都看一遍，按他所提出的要求和意见作妥善安排。

四篇文章的发表日期已告知，尹不要坐飞机来长（小刘的意见），故无必要寄工作证（也在回信中说了）。

剩下最棘手的问题是那四篇文章的英文摘要（其中彭译第一、第四篇，需请你和老黎等人帮忙弄一下，二、三篇由我自己搞）。我想在春节前能完成就算不错了。

三、派助手去美合作研究水稻无融〔合〕生殖一事，我意还是以小彭为宜。先决条件是不能以水稻所的名义派，实在不行就以院的名义派。请速定并及时告我，以便与 Dr. Rutgers 联系（曾拟要吴清华去，经测验，她英文太差，不能胜任，故作罢）。

四、有紧要事，请及时转告（包括信函）。

问好

袁隆平

1986 年元月 14 日

---

① 伍马尼是国际水稻研究所的乌马利博士。

Jan. 14, 1986

Dear Dr Umali:

I hope you have seen the letter from Ren-ji (vice president of CAAS) concerning the hybrid ~~rice~~ rice symposium. ~~Now, I would~~ Now, it has ~~like to~~ been determined that the symposium is due to hold on 15-19th Sept.

this year in ChangSha, Hunan.

So far, more than twenty

foreign scientists from nine

countries have registered to

attend this meeting. In order

to make ~~the conference~~ this symposium more

success(fully) we sincerely hope

that IRRI will join us to

~~jointly~~ co sponsor this symposium ~~jointly~~

this is because:

1. IRRI can help us to

invite more rice scientists

China

outside ~~to~~ whom we do not

know to participate this

conference

2. IRRI can give financial

~~staff~~ support ~~for travel~~

to the scientists who come from the

~~expenses~~ ~~for~~ third world

travelling

countries for their ~~travel~~

expenses. we only can

(provide)

~~produce~~ them with food

lodging and transportation

~~inside~~ China

3. IRRI has efficient printing facilities for publishing selection papers.

I hope you and your family are in excellent health. I am looking forward to ~~seeing your~~ hearing ~~letter.~~ from you.

Best regards.

Truly yours

Yuan Longping

亲爱的乌马利博士：

我希望您已经收阅了任志（中国农科院副院长）关于杂交水稻国际会议的信，现在已经确定这次国际会议将于今年 9 月 15—19 日在湖南长沙举行。到现在为止，已经有九个国家的 20 多名外国科学家报名参加这次会议。为了使这次国际会议更为成功，我们诚恳希望国际水稻研究所和我们共同举办。这是因为：

1. 国际水稻研究所能帮助我们邀请更多我们还不熟悉的外国科学家参加这次会议。

2. 国际水稻研究所能够为第三世界的科学家来参会提供旅费支持。我们仅能为他们提供食宿和在中国的交通费用。

3. 国际水稻研究所有高效的印刷设备出版所选用的会议文章（《论文集》）。

我祝愿您和您全家身体健康。并等待您的回复。

致以崇高的祝愿

敬礼

袁隆平

1986 年 1 月 14 日

湖南杂交水稻研究中心

哲妻如画：

　　上月廿四日离京，今天是三月九号，屈指一数，离开你们才十三天，却觉得过了很长一段时间似的，这说明我对亲人切之思念的心情。其中一个主要因素，恐怕就是对你的双腿有时走到无力的担心。唐医生所开之药的效果怎样，如果仍无好转迹象的话，应及早去作他诊断，并速信告我，以便来长沙医治。

　　寒假期间，我自由自在，心到了充分的休息，但也有一件事使我走到遗憾

湖南杂交水稻研究中心

和内灰，即对五二、五三的学习抓得不紧，父不严加以母又太慈，致使孩子学习不好，是我之过也。前几天在北京新华书店见到⊙"文科综合辅导与训练"一书，特给五二又买一本，希望他认真地看，同时你也要督促他做该书的习题。

自离京后，工作一直很忙，且到处开会，二月廿七日赴杭州，开了两天会，随即回北京，在农科院讨论"八五"重大专题攻关计划。昨天（80）早晨离京，今晨抵长，本拟乡十一日去海南的，可又接着政协。

湖南杂交水稻研究中心

收悉通知，我本12号到北京开政协常委会，（我是全国政协农林组付组长）会期三天，由于我已多次请假未参加政协会议，这次不好再托故请假了。我计划19日返长，住2—3天，然后去海南，3.25.开始的全国人大会就不参加了。四月初再回长沙。4.15.又要去北京，18日乘执线西德的汉堡克福赴意大利米兰，4.21—25.在米兰北部的一个小城市开会，26日起程回国。估计5月初才能返祖国，然后抽空回家一趟南。如时间允许，我们

湖南杂交水稻研究中心

一道去重庆接好。

以上是我近期的日程安排，让作知道，以免误会。到北京后，再告诉我的住址，以便有急事时好及时联系。安岭。

顺祝

近好

隆平 86.3.9.补
于长沙

哲妻如面：

上月廿四日离家，今天是三月九号，屈指一数，离开你们才十三天，却觉得过了很长一段时间似的，这说明我对亲人切切思念的心情，其中一个主要因素，恐怕就是对你双腿有时感到乏力的担心。唐医生所开之药的效果怎样，如果仍无好转迹象的话，应及早去怀化诊断，并速信告我，以便来长沙医治。

寒假期间，我自由自在，得到了充分的休息，但也有一件事使我感到遗憾和内疚，即对五二、五三的学习抓得不紧。父不严，加上母又太慈，致使孩子学习不好，是我之过也。前几天在北京新华书店见到《文科综合辅导与训练》一书，特给五二购一本，希望他认真地看看，同时你也要督促他做该书的习题。

自离家后，工作一直很忙，且到处开会，二月廿七日赴杭州，开了两天会，随即到北京，在农科院讨论"七五"重点科研攻关计划，昨天（8日）早晨离京，今晨抵长。本拟十一日去海南的，可又接省政协紧急通知，要我12号到北京开政协常委会（我是全国政协农林组付〔副〕组长），为期五天，由于我已多次请假未参加政协会议，这次不好再托故请假了。我计划19日返长，停2~3天，然后去海南，3月25日开始的全国人大会就不参加了。四月初再回长沙。4月15日又要去北京。18日乘机经西德的法兰克福赴意大利米兰，4月21—25日在米兰北部的一个小城市开会，26日启程回国。估计5月初才能返湘，然后抽空回家一趟。如时间允许，我们一道去重庆接奶奶。

以上是我近期的日程安排，让你知道，以免惦念。到北京后，再告你我的住址，以便有急事时好及时联系。匆此。

顺祝

近好

隆平

1986年3月9日夜于长沙

中国人民政治协商会议全国委员会

哲妻如面：前信料已收到，我12日抵京，开了五天政协常委会，今日结束，接着还有六届四次全体会议，要开到4月11日。我因有科研重任在身，不能参加全会，已请假，明天回长沙，22日赴海南。

我在此人马均好，特别是北京有很好扬梅罐头，我每日一并，从不间断。回此事写进肚子，若时间允许的话，四月五日左右，我予取回家一趟。

近好

祝

彭涤民此
86.3.18.

哲妻如面:

前信料已收到,我12日抵京,开了五天政协常委会,今日结束,接着还有六届四次全体会议,要开到4月11日。我因有科研重任在身,不能参加全会,已请假,明天回长沙,22日赴海南。

我在此人事均好,特别是北京有很好〔的〕杨梅罐头,我每日一瓶,从不间断,因此未泻过肚子,若时间允许的话,四月五日左右,我争取回家一趟。

祝

近好

袁隆平匆此

1986年3月18日

哲妻如面：

　　我在北京写给你的（资料）已收到。开完政协常委会后，我便请假于3.19离京返长，不参加全会了。由于有科研重任，在身，在长沙只停留三天，就又兼程事回海南，这次旅途走广州更利，3.23.晚7:20走走我的寝室，次日下午2:20人更抵荔枝沟火车站，总共只有22个小时，这完全是现在广州—三亚开辟了直达航班之故。

　　我已买好3.31.去广州的飞机票，原打算回家一趟，但昨天接中心来电，四月上旬国际水稻所收入到长，要与我商谈今年10月初在长沙举行的耐水稻国际学术讨论会的有关事宜，同时，林手加（原农业厅长、现顾问）要在四月初来长兄球，因此这次择不出时间回家了，看来，要推迟到五月上旬待我从意大利开会回国后，才有一段时间回家看之，然后我们一同去重庆接奶之。这种安排以请你家里告诉奶之和隆结，征求一下他们的意见。

　　试验任务虽重而繁，但进展还则顺利。小林在此一切均好，他又选了一个很有苗头的新组合，准备回湖南制种。护梅销售成为我的必备必需品，若稍有感染，我马上便吃护梅，效果特好。余再谈

川顺祝

近好

袁
再 3.29,
于玉林防城[?]

哲妻如面：

　　我在北京写给你的信料已收到。开完政协常委会后，我便请假于3月19日离京返长，不参加全会了。由于有科研重任在身，在长沙只停留三天，就匆匆兼程来到海南，这次旅途很顺利，3月23日晚7：20走出我的寝室，次日下午2：20便抵荔枝沟火车站，总共只有22个小时，这主要是现在广州—三亚开辟了直达航班之故。

　　我已买好3月31日到广州的飞机票，原拟回家一趟，但昨天接中心来电，四月上旬国际水稻所派人到长，要与我商谈今年10月初在长沙举行的杂交水稻国际学术讨论会的有关事宜。同时，林乎加（原农业部长，现顾问）要在四月初来长见我，因此，这次挤不出时间回家了。看来，要推迟到五月上旬待我从意大利开会回国后，才有一段时间回家看看，然后我们一同去重庆接奶奶。这种安排，请你写信告诉奶奶和隆德，征求一下他们的意见。

　　试验任务虽重而繁，但进展还顺利，小林在此人事均好，他又测出了一个很有苗头的新组合，准备回湖南制种。杨梅罐头已成为我的生活必需品，若稍有感染，我马上便吃杨梅，效果特好。余再谈。

　　顺祝

近好

袁

1986年3月29日

于三亚师部农场

哲妻：

　　昨天陪外宾乘机到广州
明日直飞马尼拉。这次到
国际水稻所是以访问科
学家的身份，同他们进行水
稻的合作研究，时间
是半年，但分两期，每三个月
就要回国一次，安排自己的
试验。因此，明年元月份可
以回家过春节后再去。

　　明日中午才能到达，作孙

康的素养，由于时间仓促，难以办其它事情。至于你经常头痛的老毛病，的确应该认真去长沙治疗，钱不在手，即使借钱也要去。不过，回请小丁帮忙，让她先联系好。小康惹引的麻烦事，等我回国后再说话。

　　家中的老母和年幼的孩子（和照顾）全靠你去照，你经常在场，有你这样一位贤德的妻子，这

的确是我和全家的幸福。希
你多保重你的身体，加恺营
养和加强注痈。笔再读

袁隆平
（1986）10.6.晚

于东方宾馆写

哲妻：

昨天陪外宾乘机到广州，明日直飞马尼拉，这次到国际水稻所是以访问科学家的身份同他们进行杂交水稻的合作研究，时间是半年，但分两期，每三个月我要回国一次，安排自己的试验。因此，明年元月份可以回家过春节后再去。

四日中午才得到你和康的来信，由于时间仓促，难以办其它事情。至于你经常头痛的老毛病，的确应该认真去长沙治疗，钱不在乎，即使自费也要去。不过，得请小丁帮忙，让她先联系好。小康想引的磨〔摩〕擦禾，等我回国后再设法。

家中的老母和年幼的孩子们全靠你当家和照顾，我经常在想，有你这样一位贤德的妻子，这的确是我和全家的幸福，希你多保重自己的身体，加强营养和加紧治病。余再谈。

隆平

1986 年 10 月 6 日晚

于东方宾馆

Dec. 9, 1986

Dear Dr. Swaminathan:

I thank you very much for inviting me to participate the international symposium on "Rice Farming Systems: New Directions". The abstract of my paper "Scope for Commercial Exploitation of Hybrid Vigor in Rice" for your comments is enclosed. The full text will be finished by the end of this month.

As a rule, in order to get my passport, besides a invitation letter which I already have, my travelling route from China to Egypt must be fixed in advance. So, please let me know my air route as soon as possible. And I would like to suggest that the best way for me to go to Egypt is: Canton—Hongkong—Cairo. The registration form which arrived three days ago has been mailed back to Egypt.

I also take this opportunity to express my sincere thanks for your enthusiastic support to make the International Hybrid Rice Symposium a success.

With my best regards.

Truely yours

L.P.Yuan

尊敬的斯瓦米纳森博士：

我非常感谢您邀请我参加"水稻栽培体系：新方向"国际学术研讨会。附上我的参会报告《水稻杂种优势商业化应用的概述》的摘要部分，请您提出意见。报告全文要到本月底才能完成。

按照规定，除了我已经收到的邀请信外，我从中国到埃及的旅程路线一定要提前确定，才能拿到护照，所以请尽快告诉我飞行路线。我建议，从中国到埃及最为便捷的路线是：广州—香港—开罗。三天前收到的（会议）注册表已经寄回埃及了。

我愿借此机会，衷心感谢您热情的支持，使得（首届）"杂交水稻国际学术研讨会"能够成功召开。

致以我最良好的祝愿。

您忠实的朋友

袁隆平

1986 年 12 月 9 日

Dec. 19, 1986

Dear Johnson and Cabub:

This letter is to advise with
you about Your plan of hybrid
rice seed production. It is said
informally that you have
made an ambitious decision, planning
to produce large amount (1-2 million
lbs) of RAX 2003 seed at the
Farms - of - Texas in 1987. Although
I admire your great ambition.

~~To do~~ business and understand

your
~~You~~ anxiety to make the hybrid

rice a success outside China,

still I have certain conservations

on that plan.

As I had expressed my personal

opinion
~~opinion~~ to Dr. Caleb last Oct.

in Changsha, there are three

preconditions for ~~releasing~~ ^putting^ a
hybrid rice variety ~~to~~ commercial
^into^
production:

1, Outyields the best pure
line variety by 20%.

^average^
2. The yield of F₁ seed production
in large scale should reach
1,200 lbs/a.

3. Good grain quality.

As far as I know, the hybrid
^does^ not possess all
L301A × R29 ~~can not meet~~ these
conditions especially, in terms

~~the yield of~~

of seed production. According to

our observation, the outcrossing

rate ~~an~~ of L301A is not so high

as we expected. This is because

a. ~~its~~ its but flowering Ⓐ behavior, i.e.

time everyday

Ⓐ the flowering is later than

normal variety; b. Ⓑ Stigma

is prone to wilt after flowering

possibly due to its large size; c. still

remain segregating in some

characters.

Therefore, I would like to make

some suggestions on your

production ~~plan~~ and research program.

1. RAX 2003 is a promising

hybrid, but for the time being,

~~the time~~

~~it is~~ not yet ripe to produce

huge quantity of seed. It is

still in trial stage.

~~that time being~~ ~~20-30 acre~~

20-30 acre

for F₁ seed production in 1987 is

advisable.

2. ~~22A~~ The cms line 22A looks

(The improved (Fu 6A.A)

more promising, due to its

high outcrossing rate. It is

very easy to obtain 2000 lbs/a

Please pay much attention to

multiply

~~it quickly and~~

test it.

~~Best~~ regards   L.P. Yuan

86

亲爱的约翰逊和卡鲁布：

这封信是给你们计划进行杂交水稻种子生产的建议。据说你们已经制订了一个宏大的计划，准备 1987 年在"德州农场"生产大量（100 万～200 万磅）RAX 2003 的种子。尽管我钦佩你们在商业上的雄心壮志，理解你们急于成为杂交水稻在中国之外的成功者，但是我对于这个计划的看法有些保守。

去年 10 月在长沙，我向卡鲁布博士提出过，将一个杂交水稻品种进行商业化生产，要有三个先决条件：

1. 要比正在推广的最好的常规水稻品种增产 20%；

2. 进行大面积 F_1 生产的平均产量要达到每英亩 1 200 磅；

3. 米质要好。

但是据我所知，杂交水稻品种 L301A×R29，不具备上述三个条件，特别是制种产量达不到。根据我们的观察，L301A 制种时的异交结实率没有达到我们的要求。这是因为它的开花习性不好：第一，它每天的开花时间比正常品种迟；第二，开花后它的柱头会萎蔫，可能是它的柱头太大的缘故；第三，在某些性状上还存在分离现象。

因此，我想对你们的生产和研究计划提出一些建议：

1.RAX2003 是一个有希望的杂交水稻品种，但是到目前为止，还没有达到大量制种的地步，它还在产量试验阶段，1987 年进行 20～30 英亩 F_1 制种比较合理；

2. 不育系 22A（属于改进的菲改 A）更好一些，它具有高异交结实率，用它制种，很容易得到每英亩 2 000 磅的种子产量，请重点繁殖和试验它。

致以良好的祝愿。

袁隆平

1986 年 12 月 19 日

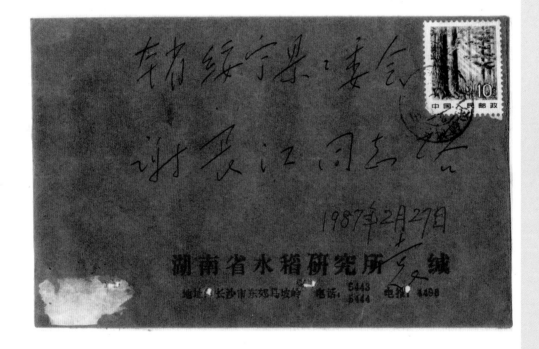

AGRICULTURAL RESEARCH CENTER
Cairo University Street , Giza , Egypt

INTERNATIONAL RICE RESEARCH INSTITUTE
P.O. Box 933 , Manila , Philippines

INTERNATIONAL SYMPOSIUM ON
RICE FARMING SYSTEMS: NEW DIRECTIONS
SAKHA, ARAB REPUBLIC OF EGYPT
31 JAN – 3 FEB 1987

长江：许久以来信及所付三风晴之
信均收到。我最近才从埃及回国。
人才问题很复杂，我本应早给一信
答复于你，但前次在北京日期
间，农科院党委即作了决定，调本
院科管处长兑化（下月初上任）。因
此，你的调动已成问题。

希你不女因此而有想表，来日
方长，今后有机会时定当相助。弟亮

AGRICULTURAL RESEARCH CENTER
Cairo University Street , Giza , Egypt

INTERNATIONAL RICE RESEARCH INSTITUTE
P.O. Box 933 , Manila , Philippines

INTERNATIONAL SYMPOSIUM ON
RICE FARMING SYSTEMS: NEW DIRECTIONS
SAKHA, ARAB REPUBLIC OF EGYPT
31 JAN – 3 FEB 1987

上中心还有一信不辞我，这百封人士这
些，我女士将他调离，换一信址精明
能干的。让这一职位主于停很不合适，
也对他（主持者及筹备，你看怎办？

另再议（顺祝此综可会）。

顺祝

近安

黄耀祥

1987.2.27.

长江：

　　你2月7日来信及所付〔附〕王凤野之信均收到。我最近才从埃及回国。人事问题很复杂，我中心原缺一位常务副主任，但前不久在我出国期间，农科院党委即作了决定，调本院科管处处长充任（下月初上任）。因此，你的调动已成问题。

　　希望你不要因此事而沮丧，来日方长，今后有机会时定当相助。事实上，中心还有一位不称职的后勤副主任，我要求将他调离，换一位精明能干的。但这一职位于你很不合适，也难向王副省长启齿，你看怎么办？余再谈（明天我去北京开会）。

　　顺祝

近好

袁隆平

1987年2月27日

Dear Dr. Virmani: Mar. 8, 1987

Mr. Mao ~~Chang~~ ~~Chiang~~ is going

to participate a symposium held

at IRRI in middle of March.

I take this opportunity to let

him bring ~~the~~ 10 kg seed of Wei You 64

~~64 (10kg)~~ and 3 Kg of V20 A to you.

                                    seed
It is ~~my~~ ~~my~~ pleasure to hear that

Wei You 64 can perform well

under high altitude areas in

the tropics. I hope this

hybrid variety ~~could feature~~ ~~will be~~ a success-

~~~~ will

as ~~time of~~ one of our joint efforts.

With regard to the Hybrid
Rice Newsletter, I basically agree
with your proposal, except for
the frequency of issue. I think,
for the time being
the conditions are not enough
for publishing this Newsletter
quarterly. ~~in this year~~. It
would be better if we publish
it twice this year.

From

~~In order~~ The second issue

(and hereafter)

should include substantial
content. In order to ensure
the Newsletter to ~~have good~~
be more

complete
~~quality~~, as suggested by
during his stay in Hangzhou last NOV.
Dr. Umali, and agreed by Dr. ~~Suran~~.
and exchanged
later on in Egypt last Feb.
Swaminathan ~~that I shall~~ be
~~visit come~~ ~~would~~
invited to IRRI to discuss

with you in details. ~~But so~~ The best

~~far,~~ I have not received a
time for me to ~~visit IRRI,~~

~~is in APR.~~ If you think it is
~~but that~~ is opinion
necessary ~~on~~ for my coming
~~on~~ this matter, please

consult with Dr. Umali and

make a division.
as soon as possible
Looking forward to your kind
reply and with best regards.
Sincerely yours,
Guo Wuxiang.

亲爱的费马尼博士：

　　3月中旬，毛先生即将去国际水稻研究所参加一个学术会议。利用这一机会，我让他带10公斤"威优64"和3公斤"V20A（不育系）"种子给您。知悉"威优64"在热带高海拔地区表现不错，我很高兴，我希望这个杂交水稻品种是我们双方共同努力的一个成果。

　　对于《杂交水稻通讯》，除了出版的期数，我基本上同意你的建议。我认为，在目前还不具备每个季度出版一期的条件，最好是我们今年只发行两期。第二期和后面各期的发行，应该包括更多的内容，以使其内容更全面、完善。

　　乌马利博士去年11月在杭州开会时建议过此事。今年2月，我和斯瓦米纳森博士在埃及相遇时，他也同意邀请我来国际水稻研究所与您具体讨论这个事情。对我来说，到国际水稻研究所的最佳时间是4月。如果您觉得我有必要来国际水稻研究所商议此事，请尽快与乌马利博士商定好。

　　期盼您的回复，并致以美好祝愿。

敬礼

袁隆平

1987年3月8日

064

湖南杂交水稻研究中心

贤妻如面：

五二升学之后，大家都很关心，出策子和帮忙的人也不少，现讲几个具体问题，务请及时做好。

一、政完结介后，即〔中心的毛召祥和〕电告湖南师范大学生物系周广洽（是我的好友，并着应尽力帮忙）五二的姓名、准考证号码、专业（系）和得分数。（以我的名义打电报）

二、7月14日为全省统一填志愿的时期，要选什么学校和

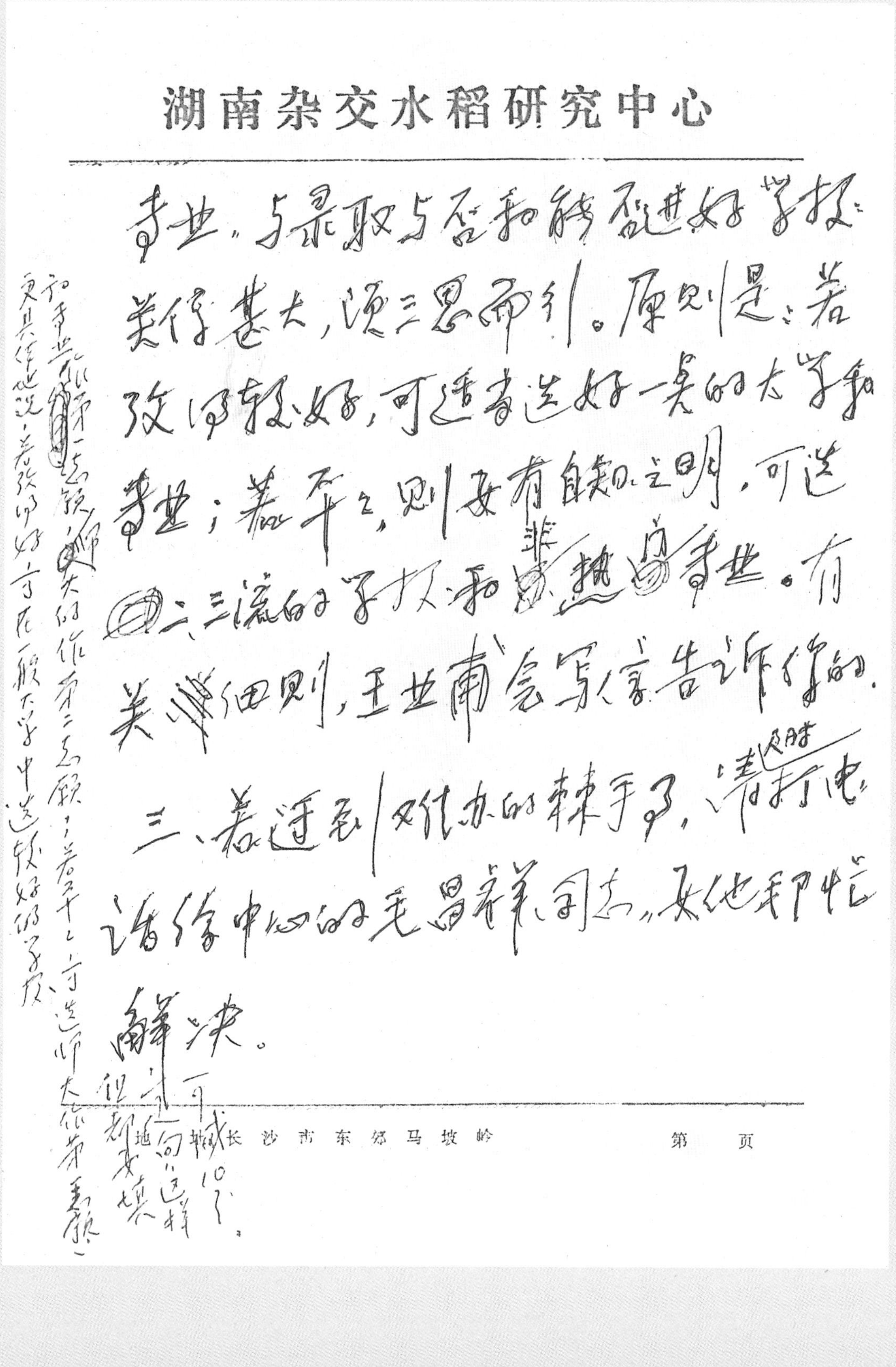

湖南杂交水稻研究中心

专业，与录取与否和能否进好学校关系甚大，须三思而行。原则是：若考试成绩好，可选考送好一类的大学和专业；若平平，则要有自知之明，可选二、三流的学校和非热门专业。有关细则，王世甫会写信告诉你的。

三、若遇到难办的棘手事，请打电话给中心的毛昌祥同志，要他帮忙解决。

和专业。第一志愿，填大的作第二志愿；若平平，可选师大作第一志愿。更具体地说，若成绩好，可在一般大学中选较好的学校。

但都要填，可填10个，这样。

地址：长沙市东郊马坡岭　　第　页

湖南杂交水稻研究中心

五二在攻试期间，一要加强营养，二要充分休息。友人建议，每天早晨可喝两口人参汤（3—4钱人参与精肉蒸，不放盐，只喝汤，不吃肉和参），有利于清脑提神（但切忌不能过量，以免过度兴奋而导致反效果）。要让他安静无虑地睡好午觉，即要有人在攻试期间牺牲三天午觉（值班），保证及时喊醒五二。

五三也应按要培地监督他学习，要他订好暑假学习计划和作息时

湖南杂交水稻研究中心

向，並派車来检查和抽放。

我2日去北京，4日赴美，14-15
在日本，16日回国，17-19在京开会，
約21日返长，然后再酌情定回
安的日期。手再谈，向母亲问安！

隆平 87.6.30
晚

湖南杂交水稻研究中心

"业精于勤而荒于嬉"，以此古人之名言赠给三个小孩，希他们牢记在心勤体力行。

贤妻如面：

五二升学之事，大家都很关心，出点子和帮忙的人也不少，现讲几个具体问题，务请及时做好。

一、考完估分后，即分别电告中心的毛昌祥和湖南师范大学生物系周广洽（系主任，我的好友，并答应尽力帮忙）。五二的姓名、准考证号码、专业（系）和估分数（以我的名义打电报）。

二、7月14日为全省统一填志愿的时期，选什么学校和专业，与录取与否和能否进好学校关系甚大，须三思而行。原则是：若考得较好，可适当选好一点的大学和专业；若平平，则要有自知之明，可选二、三流的学校和非热门专业。有关细则，王业甫会写信告诉你的。更具体地说，若考得好，可在一般大学中选较好的学校和专业作第一志愿，师大的作第二志愿；若平平，可选师大作第一志愿。但都要填定向，这样可减10分。

三、若遇到难办的棘手事，请及时打电话给中心的毛昌祥同志，要他帮忙解决。

五二在考试期间，一要加强营养，二要充分休息。友人建议，每天早晨可喝两口人参汤（3～4克人参与精肉蒸，不放盐，只喝汤，不吃肉和参），有利于醒脑提神（但切忌〔记〕不能过量，以免过度兴奋而导致反效果）。要让他安静无虑地睡好午觉，即要有人在考试期牺牲三天午觉值班，保证及时喊醒五二。

五三也应较严格地监督他学习，要他订好暑假学习计划和作息时间，并经常检查和抽考。

我2日去北京，4日赴美，14—15日在日本，16日回国，17—19日在京开会，约21日返长，然后再酌情定回安的日期。余再谈，向母亲问安！

隆平

1987年6月30日晚

"业精于勤而荒于嬉"，以此古人之名言赠给三个小孩，希他们牢记在心并身体力行。

湖南杂交水稻研究中心

Dear Mr Mao: Nov. 25. 1987

There are two things which
I am still concerning though
I have been quite free and
relax recently.

1. Have you sent the letter
to about my biography to London?

2. Have you received any
reply from Miss Geo (高) ? their
employee of Occidental company
(西方石油公司)
in Peking ? Did they promise

地址: 长沙市东郊马坡岭   第 页

湖南杂交水稻研究中心

to meet the expenses for me
or other person (on behalf of me)
to attend the case study symposium
in London?

Hoping to hear from you
soon.

Best regards.

Sincerely yours

Yuan long ping

亲爱的毛先生：

尽管我最近一直在家休养，但还是对两件事很关注。

1. 你把我的简历寄往伦敦去了吗？

2. 你收到了焦女士的来信吗？她是西方石油公司北京办事处的职员。他们是否愿意为我或其他人（代表我）到伦敦出席"个例研究学术讨论会"提供相关经费？

希望尽快得到你的回复。

祝好。

袁隆平

1987 年 11 月 25 日

87.12.5上午收到此信，冯玉秋已阅，评议表
于昨用专递快件寄走了。毛昌祥 87.12.5.下午5点

湖南杂交水稻研究中心

冯、毛二位：

请将所附的评议表
加盖"中心"公章，用快件寄
递送，而发了这我这办。

这即赴京开"六三"
会议（12.4—7.）如有女
另请电京丰宾馆"六三"
会务组转本人。

毛
　　　　　　　　　袁隆平
87.12.2.

冯、毛二位：

请将所附的评议表加盖"中心"公章，用快件专递送广西农学院职改办。

我即赴京开"八六三"会议（12月4—7日）。如有要事，请电京丰宾馆"八六三"会务组转本人。

致

礼

袁隆平

1987年12月2日

Dec. 19. 1987

Dear Mr Mao,

Thank You very much for Your two letters of Dec. 10 and 11. There are some things which I would like to ask you to deal with.

1. I agree that you are ~~able~~ in the proper manner ~~on~~ in behalf of me to attend the Cargill Seeds' annual meeting in Philippines next Mar. Please inform Mr Li Mea-Son that this is our decision.

2. Because of health problem I can not participate the '7.5' annual meeting in Chengdu next Jan. Please explain to the meeting

Chairman when you arrive
in Chengdou that I have
been home on sich leave.
3. I had agreed to be a vice
Chairman of Hunan Political Con-
sultative Conference in name
after Mr Cheng Kang-Xin exchanging
~~contact~~
ideas with me through telephone
the day before.
4. Please send New Year Card
smith,
to Umali, Khush, and Virmani
on behalf of me as soon as
possible. Because there is
no such cards for ~~note~~ sale
But
in An-Jiang. You have To

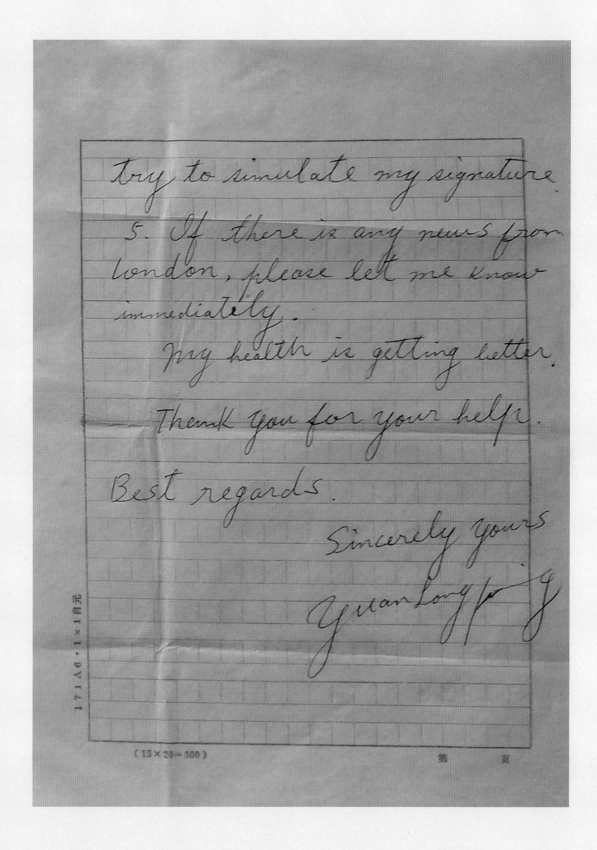

try to simulate my signature.

5. If there is any news from London, please let me know immediately.

My health is getting better.

Thank you for your help.

Best regards.

Sincerely yours

Yuan Longping

亲爱的毛先生：

非常感谢你 12 月 10 日和 11 日的两封来信，现在有几件事要你处理。

1. 我同意你作为代表我出席卡捷尔种子公司明年 3 月在菲律宾举行的年会的人选，请告诉李梅森先生这是我们的决定。

2. 因为健康原因，我不能参加明年 1 月在成都召开的"七五"攻关年会，请你到达成都后，告诉会议主席我一直在家休病假。

3. 昨天，在与陈洪新先生通电话交换意见后，我已经同意挂个名，担任湖南省政协副主席。

4. 请尽快给斯瓦米纳森、乌马利、库西和费马尼等寄出新年贺卡，因为在安江买不到这类贺卡。但是你必须模仿我的签名。

5. 如果有伦敦方面任何消息，请立即告诉我。

我的身体恢复了一些。

谢谢你的帮助。

致以问候。

敬礼

袁隆平

1987 年 12 月 19 日

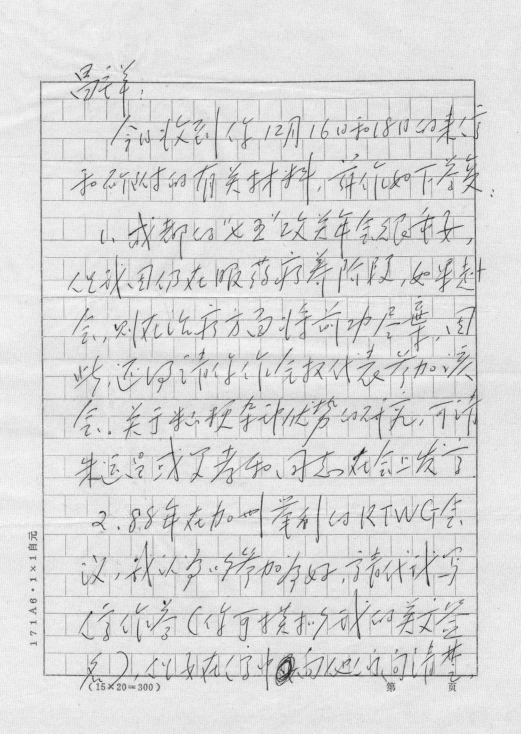

昌祥：

　　今日收到你12月16日和18日的来信和附此寄的有关材料，草作如下答复：

　　1. 成都的"七五"攻关年会很重要，人走球团仍在服务病养阶段，如果赴会，则在议疗方面特尚功尽弃，因此，还是请你代表参加该会。关于数据余比优势的研究，可请朱运昌或又者知，同志在会上发言。

　　2. 88年在加州墨利的RTWG会议，我认为以参加的为好，可请代试写（论文作等（你可找找拉与我的英文写意），以及在了中×向×远方向请考，

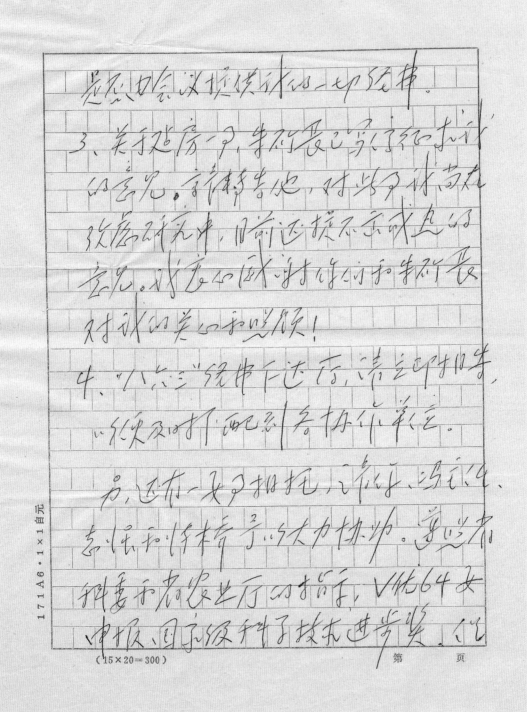

是否可以及提供技术上的一切经费。

3. 关于选房一户，牛所长已写信给北京
的意见。守诸牵扯，对我了解这在
该房研究中，目前还摸不实成立的
意见。谢谢和感谢你们和牛所长
对我的关心和照顾！

4. "六五"经费下选房，请立即联系
以便及时配套协作单位。

另，还有一关于报托，诸孔元、冯元生、
志怀和怀梅等给以大力协助。望出席
科委和省农业厅的指示，以优64女
申报，国家级科学技术进步奖，优

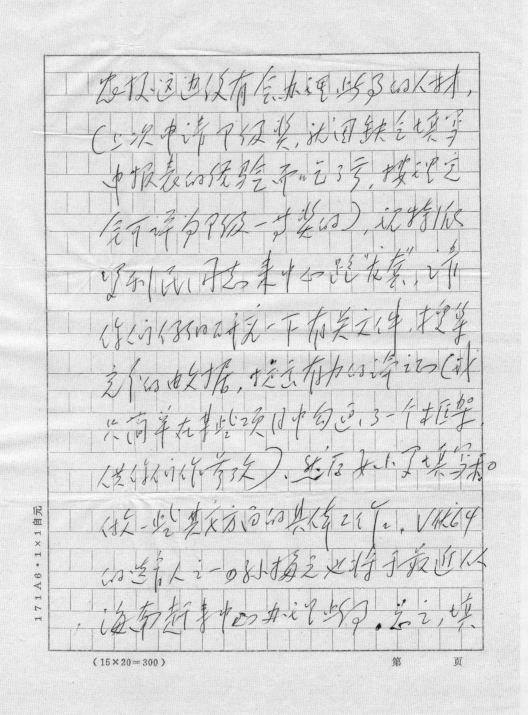

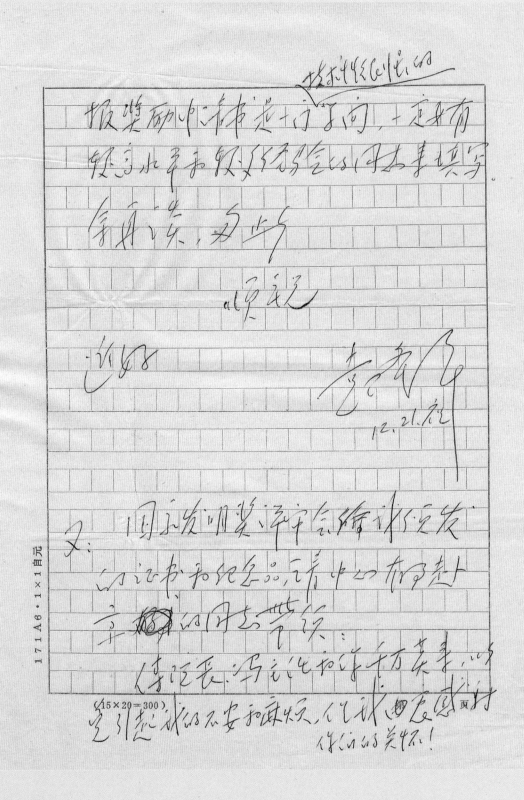

082

报奖励你们还是十分了解，一定好有较高水平和较丰富经验的同志来填写。

辛苦了，为此。

顺祝

近好

李××
12.21.82

又：国家发明奖评审会给你发的证书和纪念品，请小×转交赵×章×同志带领。

待院长、冯×××和许××万××等，以免引起我的不安和麻烦，化就更加感激你们的关怀！

昌祥：

今日收到你 12 月 16 日和 18 日的来信和所附的有关材料，兹作如下答复：

1. 成都的"七五"攻关年会很重要，但我因仍在服药疗养阶段，如果赴会，则在治疗方面将前功尽弃，因此，还得请你作全权代表参加该会。关于籼粳杂种优势的研究，可请朱运昌或罗孝和同志在会上发言。

2. 1988 年在加州举行的 RTWG 会议 ①，我认为你参加为好，请代我写信作答（你可以模拟我的英文签名），但要在信中向他们问清楚，是否由会议提供我的一切经费。

3. 关于建房一事，朱所长已写信征求我的意见。请转告他，对此事我尚在考虑研究中，目前还提不出成熟的意见。我衷心感谢你们和朱所长对我的关心和照顾！

4. "八六三"经费下达后，请立即相告，以便及时分配到各协作单位。

另，还有一要事相托。请你、冯主任、志强、张桥予以大力协助。遵照省科委和省农业厅的指示，"V 优 64"要申报国家级科学技术进步奖。但农校这边没有会办理此事的人材（上次申请部级奖，就因缺乏填写申报表的经验而吃了亏，按理完全可评为部级一等奖的），现特派罗利民同志来中心跑"龙套"，请你们仔细研究一下有关文件，搜集充分的数据，提出有力的论证（我只简单在某些项目中勾画了一个框架，供你们参考），然后要小罗填写和做一些其它方面的具体工作。"V 优 64"的选育人之一孙梅元也将于最近从海南赶来中心办理此事。总之，填报奖励申请书是一门技术性很强的学问，一定要有较高水平和较多经验的同志来填写。

余再谈，匆此。

顺祝

---

① PTWG 会议: 稻米技术工作组会议。

近好

袁隆平

1987 年 12 月 21 日夜

　又：国家发明奖评审会给我颁发的证书和纪念品，请中心有事赴京的同志带〔代〕领。

　傅院长、冯主任和你千万莫来，以免引起我的不安和麻烦，但我由衷感谢你们的关怀！

Dec. 26, 1987

Dear Miss Barnes:

Thank you very much for your kind response in your letter of 3rd Dec. ~~We, especially my wife~~, We are very delighted that both my wife and I have the opportunity to visit your country for attending the Rank prize-giving ceremony.

Now we are trying to apply for our passports and visa using your letters. But I am not sure whether these letters are valid or not. So, to be on the safe side, please send us a formal invitation letter as earlier as possible.

As you ~~have~~ knew ~~to~~ already known Dr. T.T. Chang will give a ~~response~~ presentation on behalf of our group at the ceremony.

Heard

~~We~~ have contacted each other recently. I am preparing some slids and a few tables about the hybrid rice for him to use.

Best regards

Sincerely yours

年　月　日　　第　　頁

Recently, Dr. T.T. Chang and I have contacted each other.

I fully agree ~~the~~ Dr. P. Jennings's suggestion that T.T. ~~Chang~~ is the proper person on behalf of our group to give a reply presentation at the ceremony. The data he needed from ~~in his speech~~ my side are being ~~under~~ in preparation.

Best regards

Sincerely yours
Guanlong

尊敬的巴勒斯女士：

非常感谢你 12 月 3 日的回信。

我夫人和我非常高兴有机会访问英国，参加"让克奖"的颁奖仪式。

现在我们正在用您的来信去申请办理我们的护照和签证，但是我不知道你的这些信函有没有效。为了确保有效，请尽早发给我们一份正式的邀请信。

最近，张德慈博士和我联系了。我完全同意杰宁斯博士（Dr. P. Jennings）的建议，张德慈是代表我们这个组在授奖仪式上答谢致辞的合适人选。他的答谢致辞中，需要我提供的资料正在准备之中。

致以问候

敬礼

袁隆平

1987 年 12 月 26 日

冯玉秋：你好！

在我这段住病病养期间，
你肩负着全套工作的重担，使得
的各项工作以得以正常运转，
深为你表示谢意和敬意！

现有两件事来征询意见。

1. 小桂芝来信求来调到我们
中心工作，我认为她为人和工
作都很好，因此我设法把她来
中心，但不知水稻所（或发育会）
原放到否，请你斟酌，毛再（要）
商定。

2.请放弃、田可铃、当去受聘和
安排工作，不亲以可校。试参考派
处他们从了来配配到待不章手这
音对亢並作为习考和团结以助手
兼了以以定三对亢作等。请他们
经来处数人去先同决定为叶！

近事状的来待以诺有好样，
估计并顺一段期以讨诤状有计
任命。新主开来人大会叶讨叶子
来农一越。全研读、文瑞。

黄弟氏
好、元、12.

冯主任：

你好！

在我这段治病疗养期间，你肩负着全盘工作的重担，使"中心"各项工作得以正常运转，特此向你表示谢意和致敬！

现有两件事要与你商量：

1. 孙桂芝来信要求调到我们中心工作，我认为她的为人和工作都很好，因此我欢迎她来中心。但不知水稻所（或农学会）愿放行否，请你与周、毛两位商定。

2. 谢放鸣回国至今，尚未受聘和安排工作，不知何故。我意是让他继续从事籼型配子体不育系选育研究，并作为罗孝和同志的助手兼部分"八六三"研究任务，请你们征求他本人意见后速定为盼！

近来我的身体已略有好转，估计再服一段时期的中药就有望痊愈。本月来开省人大会时，我将来长一趟。

余再谈，匆此。

袁隆平

1988 年元月 12 日

冯先生：你好！

祝贺对丰华采船长可埃斯康纪
守绝成就字，请你认真调查一
下，为什么成功寄点钟了老是
怕问题！300公斤Ⅱ-32A钟了
仍发率率仅15-20%，是这不何
不适是运输或行差过程中受
潮湿？特了与了张慧廉、周承
速有关，某请问题过后给他
们一个答复，……寄成成的行夺和
意法。

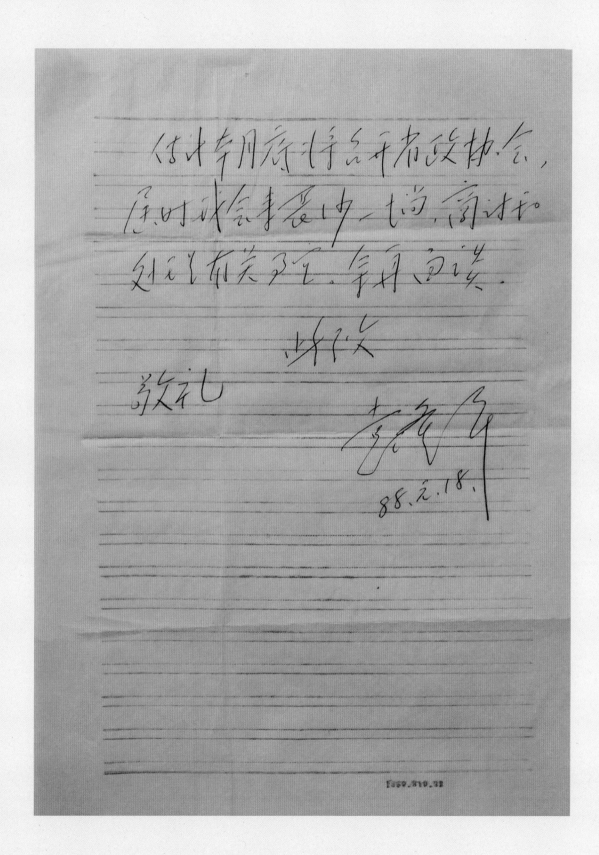

估计本月底将召开省政协会，
届时就会主要协商一下，商讨和
处理有关事宜。余再面谈。

此致

敬礼

袁隆平

88.元.18.

冯主任：

　　你好！

　　现附来卡捷尔公司埃斯康德写给我的信，请你认真调查一下，为什么我们寄出的种子老是出问题！300公斤Ⅱ-32A种子的发芽率仅15～20%，是没有晒干还是运输或贮藏过程中受潮湿？此事与张慧廉、周承述〔恕〕有关，弄清问题之后应给他们一个答复，以守我们的信誉和责任。

　　估计本月底将召开省政协会，届时我会来长沙一趟，商讨和处理有关事宜。余再面谈。

　　此致

敬礼

袁隆平

1988年元月18日

1988.2.25

湖南杂交水稻研究中心

张老师：你好！

我省綏宁县是一个山区小县，位在东西水平省制计示百部国茶合国合省。为了发展经济，脱贫改富，想在海南设一个综合性以经济开发窗口。为此，该县之委付书记、县政协主席谢表江同志，特专程来海南进行可行性之洽谈，请你给予大力支持和协助为呀！

敬礼

地址：长沙市东郊马坡岭　　　　RA5.30-87/1　　　第　頁

88.2.25.

1988.2.25

张老师:

　　你好!

　　我省绥宁县是一个山区小县,但在杂交水稻制种方面却闻名全国全省。为了发展经济,脱贫致富,想在海南设一个综合性的经济开发窗口。为此,该县县委副书记、县政协主席谢长江同志,特专程来海南进行试探性洽谈,望你给予大力支持和协助为盼!

　　此致

敬礼

袁隆平

1988年2月25日

湖南杂交水稻研究中心

昌祥，你好！

所附英文《试为华南杂交水稻协作组负责人访问IRRI》等的联系信，请打印，并复印两份，三份连同IRRI，先寄一份寄给广西农业厅刘鸣珂（原任厅长）和广西省农科院各寄一份惠存。

袁大时 （略）澳南和麻尔亦

湖南杂交水稻研究中心

这会尚未痊愈，目前仍在此地

休养治疗。我计划于本月

12或13日坐汽车来晃。余待

面谈。　顺祝

近好

袁隆平 88.6.6.

昌祥：

　　你好！

　　所附英文信系我为华南杂交水稻协〔作〕组要求访问 IRRI 而写的联系信，请打印，核对后复制五份，三份迳寄 IRRI，另两份分别寄给广西农业厅刘鸿珍（原副厅长）和广东省农科院彭惠普。

　　我左臂的酸痛和麻木症迄今尚未痊愈，目前正在进行针灸治疗。我计划于本月 12 或 13 日坐汽车来长。余待面谈。

　　顺祝

近好

袁隆平

1988 年 6 月 6 日

湖南杂交水稻研究中心

昌祥：你好！

谢谢你托庞茂达专送来的两条
香烟。现有几件事要请你帮忙和
代办：

1. Virmani 来电说 V优46是 IRRI
和南朝鲜选育的，此说欠妥。他为什
么把我国排除在外？李必湖对
此很气愤，他写了一个 V优46的选育
情况，请向 V 解释。我以为，V优46
应说中国、IRRI、南朝鲜三家合作选

湖南杂交水稻研究中心

成功的希望就方多去。

2. 关于工及及工支就的提供, 以优46计子了, 就以在请示农业部, 候部里定后, 才能办理。

3. 朱传仁同志为中心的建设搞劳多年, 成绩很大. 可他还是老会议第二句. 就看怎样为他的科任买一部18"彩电, 但缺指标, 不知你能帮忙否? 此烦就告与

湖南杂交水稻研究中心

小张诉述，大报无妃已写信报告你了。如你有困难之处，那就待了。

Ⅴ、前次来信，说你们讨论课题尚未决定，征求我们以为，我希望选择"亚种间杂种优势"方面的作主攻课题。

"中心"一切工作进展得如常，你的夫人和小孩人都很好。全家再谈。

顺祝

地址：长沙市东郊马坡岭　　　RA5.38—87.1

袁隆平
88.12.22.

昌祥：

你好！

谢谢你托康院长送来的两条香烟，现有几件事要请你帮忙和代办：

1. Virmani 来电说"V 优 46"是 IRRI 和南朝鲜选育的，此说欠妥。他为什么要把我国排除在外？黎垣庆对此很气愤。他写了一个"V 优 46"的选育情况，请向 V[①] 解释。我认为，"V 优 46"应是中国、IRRI、南朝鲜三家合作选育成功的，并以我方为主。

2. 关于 IRRI 要我们提供"V 优 46"种子一事，我们正在请示农业部，俟部同意后，才能办理。

3. 朱传〔全〕仁同志为中心的建设操劳多年，成绩很大，可他家里至今仍一穷二白。我有意资助他的〔用〕外汇买一部 18 寸彩电，但缺乏指标，不知你能帮忙否？此事我曾与小张讲过，大概她已写信转告你了。如你有为难之处，那就算了。

V.[②] 前次来信，说你的研究课题尚未决定。但我仍认为，以选择"亚种间杂种优势"方面的为上策。

"中心"一切工作运转如常，你的夫人和小孩人事均好。余再谈。

顺祝

新年快乐

袁隆平

1988 年 12 月 22 日

①② 均指前文提到的 Virmani，即国际水稻研究所的费马尼博士。

　年　月　日　　　　第　页

昌祥：你好！

　　随信寄来。

1、给了袁老生的复信，请立即投邮寄给ERRI。

2、为邓老师申请云团所写的报告，说已呈到基层单位的同意，但还仅发第一步，其它手续都"劳"字麻烦"中心"代劳，她的批准三四后可寄来。

　　3袁老生在来信中提到是就他看的幻灯片和图表（心得改善词和展览用）有下列几种，请

(电开01)

作组织有关人员在一周之内写
好并送审张先生。（图表一式两份）
各下一份

1、雄性不育系的选择（抽样有）、
稻子开花时的花药可去、败育花
粉与相应不育系等的对比；

2、大面积制种田的景象；

3、杂交水稻高产田的景象；

4、杂交稻穗和根部与常规
稻或父本的对比（显示杂
种优势）；

5、1976～1987年我国杂交水稻
推广面积增长图（包括资料

年　月　日　　　第　页

面积和占水稻总面积的%（比）；

6. 近三年来软水稻全国平均单产
与常规稻的对比表（陈洪新处经
有这套即系统的数据）及软水稻
在这几年中与常规稻总产的对比；

7. 软水稻育种战略的设想，
即三条途径：即两系杂种优势利用
（远源品种间）、两条途径亚种间杂种优势
利用 三条途径（远源时期）、一条途径远缘种间
优势利用三个战略阶段。请您
设计一个一目了然而又有某某处的
直观图来表示。

年　月　日　　　第　页

另，兰英晋升我拖一下，试行尽
力促成，请她及早提出具体意见
和办法。余再谈

顺祝

新年愉快

李滨声

88.12.24.

（电开01）

昌祥：

你好！

随信寄来：

1. 给张先生的复信，请立即投邮寄往 IRRI。

2. 为邓老师申请出国所写的报告，现已得到基层单位的同意。但这仅是第一步，其它手续和"关口"需麻烦"中心"代办。她的相片三日后可寄来。

张先生在信中提到要我准备的幻灯片和图表（以备致答词和展览用）有下列几种，请你组织有关人员在一周之内备好并迳寄张先生（图表一式两份，留下一份）。

1. 雄性不育系的植株（抽穗后）、穗子开花时的花药形态、败育花粉与相应保持系的对比；

2. 大面积制种田的景象；

3. 杂交水稻高产田的景象；

4. 杂交稻穗和根系与常规稻或父本的对比（显示杂种优势）；

5. 1976—1987 年我国杂交水稻推广面积增长图（包括实际面积和占水稻总面积的百分比）；

6. 近五年来杂交水稻全国平均单产与常规稻的对比表（陈洪新处有完整而系统的数据）以及杂交水稻在这几年中占稻谷总产的百分比；

7. 杂交水稻育种战略的设想，即分三系法品种间杂种优势利用 $\xrightarrow[\text{（过渡时期）}]{\text{（两系法品种间）}}$ 两系法亚种间杂种优势利用 $\xrightarrow[\text{（过渡时期）}]{\text{（一系法亚种间）}}$ 一系法远缘杂种优势利用三个战略阶段。请设计一个一目了然而又有点艺术性的画面来表示。

　　另，兰〔蓝〕临晋升职称一事，我当尽力促成，请她及早提出具体意见和办法。余再谈。

　　顺祝

新年愉快

袁隆平

1988 年 12 月 24 日

89.7.15

湖南杂交水稻研究中心

张长奎、元尚：近好！

　　受科学院科干局的委托，我省（委宁乡）委付书记、政协主席谢长江同志正撰写部人的情况，为了较好地完成这一任务，他特地写信来想来访你们二老，了解本人在大专毕业时代的有关情况，希望你们给予热情支持为感！

　　暑安　并代向夫人问好！顺祝

　　　　　　　　　　　　　　　　　　　　袁隆平　1989.7.15

张本、元岗：

　　近好!

　　受科学院科干局的委托，我省绥宁县县委副书记、政协主席谢长江同志正撰写鄙人的传记，为了较好地完成这一任务，他特地专程来穗采访你们二位，了解本人在大学求学时代的有关情况，希你们给予热情支持为感!

　　顺祝

　　暑安并代向夫人问好

袁隆平

1989 年 7 月 15 日

1989.7.15

湖南杂交水稻研究中心

□市、眼序：近好！

　　受种子院科干周的委托，湖南绥宁县委付书记、政协主席对张江同志 正在撰写我的传记，为了较好地完成这一任务，他特地专程来渝来访您们，了解我青少年时期的有关情况，请给予热情接待和支持！

母亲在今年春节期间 □□□□

地址：长沙市东郊马坡岭　　　№5.38—87.1　　　第　　页

湖南杂交水稻研究中心

改饮大跃骨折后，身体大不如昔，
迄今甚至靠人搀扶亦步维艰，
稻……吟之声已逐渐减少，饮食
还可节。看来，在近期内大问题
不会有，不过女频发步引（即饮
〈杖助拐杖）是不可避的。如果
你们请来由来的话，建议你们
来安江一趟（8月14日前就在此）。
一切书中由我处理。余再谈

身体健康，青妙科表有好 袁 東
1989.7.15.

四弟、银屏：

近好！

受科学院科干局的委托，湖南绥宁县县委副书记、政协主席谢长江同志正在撰写我的传记，为了较好地完成这一任务，他特地专程来渝采访你们，了解我青少年时期的有关情况，请给予热情接待和支持！

母亲自今年春节期间摔倒致使大腿骨折后，身体大不如昔，迄今甚至靠人搀扶亦举步维艰，但呻吟之声已逐渐减少，饮食还正常。看来，在近期内大问题不会出，不过要恢复步行（即使借助拐杖）是不可能的。如果你们能抽身的话，建议你们来安江一趟（8月14日前我在此），一切费用由我负担。余再谈。

祝

身体健康，并向许外婆问好

隆平

1989 年 7 月 15 日

湖南杂交水稻研究中心

⑩ 89.7.15

文斗学兄：近好！

　　受科学院科干局的委托，我省（宁乡县）委付书记、政协主席谢震江同志正在撰写袁人的传记，为了较好地完成这项任务，他特地专程专田坡来访，了解我在求学时期的有关情况，希你予热情支持为盼！

　　　　　　　　顺祝

暑安　　　　　　　　　　弟　袁隆平
　　地址：长沙市东郊马坡岭　RA6.88—87.1　第　页　　1989.7.15

文斗学兄：

　　近好！

　　受科学院科干局的委托，我省绥宁县县委副书记、政协主席谢长江同志正在撰写本人的传记，为了较好地完成这项任务，他特地专程来母校采访，了解我在求学时期的有关情况，希给予热情支持为盼！

　　顺祝

　　暑安并代向德玖、运正学妹问好

袁隆平

1989 年 7 月 15 日

湖南杂交水稻研究中心

省委组织部赵培义部长：

绥宁县谢长江同志由中国科学院《当代中华科学精英》丛书编委会聘为《袁隆平传记》作者，并经省、市、县三级党政领导批示同意，已借调到我从事这项工作一年有余。但这项工作还需要较长的时间，为了集中精力完成此劳，加之他本人从事文史资料方面的工作已有较长的时间和相当的经验，在完成上述任务以后，还可以从事其它文史资料工作。因此，特延

120

议将他从绥宁县调到省政协文史资料委员会或其它有关单位，以5继续发挥他的特长。

以上建议，祈望采纳！

此致

敬礼

省农科院
袁隆平
1990.5.4.

省委组织部赵培义部长：

　　绥宁县谢长江同志由中国科学院《当代中华科学精英》丛书编委会聘任为专家传记作者，并经省、市、县三级党政领导批示同意，已借调到省从事这项工作一年有余。但这项工作还需要较长的时间，为了集中精力完成任务，加之他本人从事文史资料方面的工作已有较长的时间和相当的经验，在完成上述任务以后，还可以从事其它文史资料工作。因此，特建议将他从绥宁县调到省政协文史资料委员会或其它有关单位，以继续发挥他的特长。

　　以上建议，祈望采纳！

　　此致

敬礼

省农科院

袁隆平

1990 年 5 月 4 日

BHASKER PALACE ASHOK

HYDERABAD, INDIA.

昌祥: 你好, 並向你全家问好!

　　印度政府通过FAO邀请我来'海德拉巴'进行为期两周的杂交水稻研究咨询工作. 我于11月10日抵印, 参观、访问了8个以杂交水稻研究的试验站和中心, 由北部到中部再往南部, 走遍了大半个印度, 给我面下很深刻印象。一句话, 印度总的说来比我国富, 虽然有不少很穷的人, 但总的来说它的中产阶级的生活水平大大高于我们。

　　关于杂交水稻, 该国有一个三年研究发展计划, 预算经费高达$430万 (对联合国援助300万美元), 经过近几年来的研究, 有很大进展, 估计三一四年内杂交水稻可在生产上推广应用。Dr. Ish Kumar (你一定还记得他) 从始至终一直陪同我接受访问, 他是全国杂交稻的组织者和协调人, 水平高, 能力强, 对工作极端负责而且为人很好。

　　今天结束了我的咨询任务 (但提交给FAO的报告尚未写), 明天参加在此地召开的 " Rice Research — New Frontier" 学术讨论会（由 S. M. Swaminathan 发起和主持）为期 4 天，我将在会上作"两系法杂交水稻研究进展"的报告。库西和中马尼今天也来了，我们在一起共进晚餐，借此机会我向库西提出，S 任奇达最好再加上头个月，凑成两年的博士后研究工作，他当即回答说，根据 IRRI 的规定这是不允许的，必须女回到祖国工作 2~3 年后才能申请，鉴于他的态度很断然，所以我也不好再进言了。

　　关于第二届两系杂交水稻国际学术讨论会，会议与 Lampe 初步交换了意见，看来这会议无限期向后推，最快可待来吹。挺逢。他对我们点向 IRRI 讨材料，似乎不甚同意。这是问题的症结所在。

　　我定于 20 日离印经香港回国，22~30 日在南宁开会，12 月上旬还要在上海开会，可能才能回长沙，真是够忙的！余再谈

　　祝健康

　　　　　　　　　　　　　　　　此致
　　　　　　　　　　　　　　　　敬礼
　　　　　　　　　　　　　　　　　袁隆平 90.11.14.晚
　　　　　　　　　　　　　　　　于海得拉巴

昌祥：

你好，并向你全家问好！

印度政府通过 FAO[①] 邀请我来印度进行为期两周的杂交水稻研究咨询工作。我于 11 月 1 日抵印，参观、考察了 8 个从事杂交水稻研究的试验站和中心，由北部到东部再往南部，走遍了大半个印度，给我留下很深感受。一句话，印度总的来说要比我国富，虽然有不少很穷的人，但占大多数的中产阶级的生活水平大大高于我们。

关于杂交水稻，该国有一个五年研究发展计划，预算经费高达 $430 万（其中联合国提供 300 万美元），经过近几年来的研究，有很大进展，估计三～四年内杂交水稻可在生产上推广应用。Dr. Ish Kumar（你一定还记得他）自始至终一直陪同我考察、访问，他是全国协作网的组织者和协调人，水平高，能力强，对工作极端负责而且为人很好。

今天结束了我的咨询任务（但提交给 FAO 的报告尚未写），明天参加在此举行的"Rice Research-New Frontier"[②] 学术讨论会（由 S. M. Swaminathan 发起和主持），为期 4 天。我将在会上作"两系法杂交水稻研究进展"的报告。库西和费马尼今天也来了，我们在一起共进晚餐，借此机会，我向库西提出了你希望在取得博士学位后继续在 IRRI 作两年的博士后研究工作，他当即回答说，根据 IRRI 的规定这是不允许的，必须要回到自己的国工作 2～3 年后才能申请。鉴于他的态度很断然，所以我就不好再进言了。

关于第二届杂交水稻国际学术讨论会，今晚与 Lampe 初步交换了意见，看来该会要无限期向后推，很可能告吹。看来他对我国只向 IRRI 拿材料而不提供材料很不满意，这是问题的症结所在。

---

① FAO：联合国粮食及农业组织。
② Rice Research-New Frontier：水稻研究新领域。

　　我定于 20 日离印经香港回国，22—30 日在南宁开会，12
月上旬还要在上海开会，中旬才能回长沙，真是够忙的！余再谈。
　　祝
身体健康

袁隆平

1990 年 11 月 14 日晚

于（印度）海得拉巴

湖南杂交水稻研究中心

诸信经理：

近好！自从测64核发表和V20A不育系培育出来后，得到了贵司的大力支持和积极制种推广，使近年来用测64配制的威优64、汕优64、D优64、协优64、博优64、五优64和测64等组合的制种面积迅速扩大；用V20A配制的系列组合也同样如此。为了知道贵市的推广先来美，我们列了一个测64和V20A所配的系列组合推广面积表（没有列上的组合请你们加上），请贵司填好后尽量找本章，用寺递快件寄回为盼；谢谢合作。

此致

礼

袁隆平 90.12.11.

诸位经理：

　　近好！自从测 64 恢复系和 V20A 不育系培育出来后，得到了贵司的大力支持和积极制种推广，使近年来用测 64 配制的威优 64、汕优 64、D 优 64、协优 64、博优 64、II 优 64 等测 64 系列组合的种植面积迅速扩大；用 V20A 配制的系列组合也同样如此。为了知道贵省的推广规模，我们列了一个测 64 和 V20A 所配的系列组合推广面积表（没有列上的组合望你们加上），请贵司填好后盖上公章，用专递快件寄回为盼！谢谢合作。

　　致

礼

袁隆平

1990 年 12 月 11 日

128

湖南杂交水稻研究中心

石山晓一 先生：

日前由从海南写回来。见到
您的来信，迟复为歉！

感对贵国全农协会对
我的邀请，我决定参加今年
八月份在北海道札幌举
行的两个学术会议。我的报告
题目暂定为"中国两系法
杂交水稻研究的进展"，不

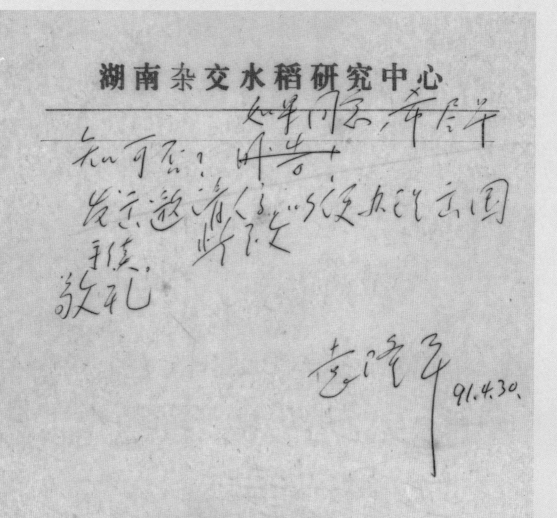

石山晓一先生：

　　日前从海南岛回来才见到您的来信，迟复为歉！

　　感谢贵国全农协会对我的邀请，我决定参加今年八月份在北海道扎〔札〕幌举行的两个学术会议。我的报告题目暂定为"中国两系法杂交水稻研究的进展"，不知可否？如果同意，希尽早发出邀请信，以便办理出国手续。

　　此致！

敬礼

袁隆平

1991 年 4 月 30 日

湖南杂交水稻研究中心

万友雄院长台鉴：

您8月22日来信和附件收到，对您盛情邀请我参加贵校30周年校庆并进行农业技术方面的学术交流活动，本人深表谢意！

现就您来信中有关几项作以下几点说明：

一、关于办理赴台手续问题。我只宜向贵校介给本人的一些简历和有关情况（附后），而不宜填写寄来的三张表格，因为这次是贵校特地

湖南杂交水稻研究中心

邀请我来台，并非本人主动申请去台。

二、应邀来台只限于参加农业学术交流活动，重点是杂交水稻研究方面的交流。据此，请将在台期间的具体日程安排和活动内容告我，以便作好一些必要的准备。

三、保证本人在台期间的安全。

如能同意以上各点，又能办好入台有关手续，我将愉快地按期到台，向贵校学习宝贵经验。

顺致

秋安

袁隆平 91.9.6

地址：长沙市东郊马坡岭　　RA5.38—87.1

湖南杂交水稻研究中心　　0117

　　　本人简况
· 1930年出生于北平. 籍贯江西德安；
· 1953年毕业于西南农学院（重庆）；
· 无党派人士；
· 现任湖南杂交水稻研究中心主任, 研究员, 湖南省农业科学院名誉院长；
· 兼中国作物学会付理事长, 湖南省农学会付理事长；
· 全国政协常委, 湖南省政协付主席；
· 81年获国家第一个（迄今还是惟一的）特等发明奖；

85年, 88年. 获__国际性科学奖.

万雄院长台鉴：

您 8 月 22 日来信和附件收到，对您盛情邀请我参加贵校 30 周年校庆并进行农业技术方面的学术交流活动，本人深表谢意！

现就您来信中有关事项作如下几点说明：

一、关于办理赴台手续问题。我只宜向贵校介绍本人的一些简历和有关情况（附后），而不宜填写寄来的三张表格，因为这次是贵校特地邀请我来台，并非本人主动申请去台。

二、应邀来台只限于参加农业学术交流活动。重点是杂交水稻研究方面的交流。据此，请将在台期间的具体日程安排和活动内容告我，以便作好一些必要的准备。

三、保证本人在台期间的安全。

如能同意以上各点，又能办好入台有关手续，我将愉快地按期到台，向贵校学习宝贵经验。

顺致

秋安

袁隆平

1991 年 9 月 6 日

本人简况

● 1930 年出生于北平，籍贯江西德安；

● 1953 年毕业于西南农学院（重庆）；

● 无党派人士；

● 现任湖南杂交水稻研究中心主任，研究员，湖南省农业科学院荣誉院长；

● 兼中国作物学会副理事长，湖南省农学会副理事长；

● 全国政协常委，湖南省政协副主席；

● 1981 年获国家第一个（迄今也是唯一的）特等发明奖；

● 1985—1988 年，获三次国际性科学奖。

136

湖南杂交水稻研究中心

小毛：近好！

经再三研究，院、所两级
领导终于同意你继续留在IRRI
做博士后研究工作，说将我签
名的申请表和学会的证明一样
寄给你，兹希望你在两年的博士
后研究中取得较大成绩和成果。

甘蔗种子收到时已逾淮海
中利用本来长无差，处理水平威

湖南杂交水稻研究中心

对待，进亲切作么继续下去续其
实许爱以写生译批初计8。

关于2杭讨这，我认类待应
以TGMS方重关，Apomixis还
很办港，这在少关云2杭，以免
不敬掉功和时向。若在幸来
印度，你持会申到浮面CIS
一万美元/月），说你好运！

顺送
以以此

91.11.7

地址：长沙市东郊马坡岭

小毛：

近好！

经再三研究，院、所两级领导终于同意你继续留在 IRRI 做博士后研究工作。现将我已签名的申请表和单位的证明一并寄给你，并希望你在两年的博士后研究中取得较大成绩和成果。

甘蔗种子收到时正逢珠海市外引办的同志来长出差，他们非常感谢你，并希望你继续提供其它珍贵的经济植物种子。

关于研究课题，我主张你应以 TGMS[①] 为重点。Apomixes[②] 还很渺茫，暂时没有必要去研究，以免分散精力和时间。若有幸去印度，你将会得到厚酬（约一万美元／月），祝你好运！

顺致
全家平安

袁隆平
1991 年 11 月 7 日

---

① TGMS：温敏核不育系。
② Apomixes：无融合生殖。

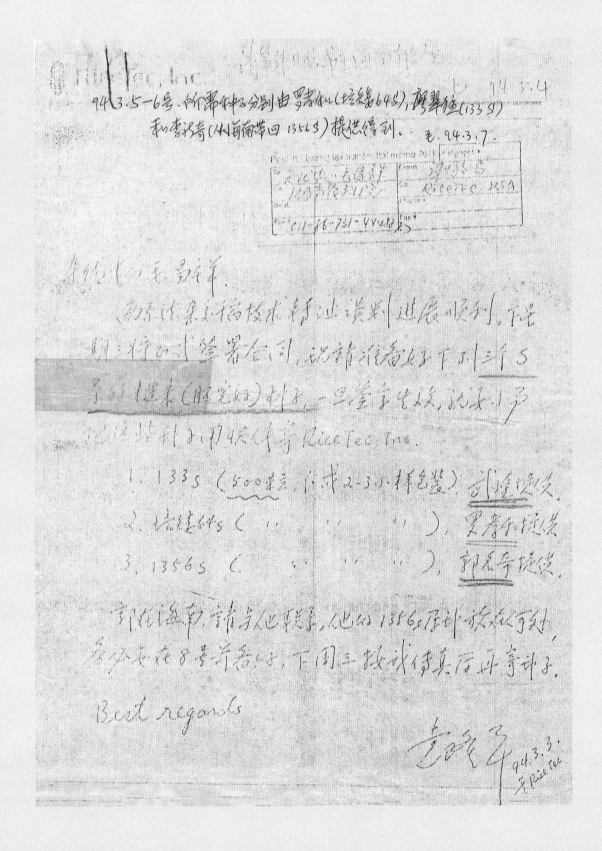

Best regards

杂优中心毛昌祥：

两系法杂交稻技术转让谈判进展顺利，下星期三将正式签署合同，现请准备好下列三个 S 系的糙米（胚完好）种子，一旦签字生效，就要小易把这些种子用快件寄 Rice Tec, Inc.[①]

1.133S（500 粒，分成 2~3 小样包装），武小金提供；

2. 培矮 64S（500 粒，分成 2~3 小样包装），罗孝和提供；

3.1356S（500 粒，分成 2~3 小样包装），郭名奇提供。

郭在海南，请与他联系，他的 1356S 原种放在何处，务必要在 8 号前备好，下周三接我传真后再寄种子。

致以良好的祝愿。

袁隆平

1994 年 3 月 3 日

于 Rice Tec, Inc.

---

① Rice Tec. Inc: 水稻技术公司。

湖南杂交水稻研究中心

建　议　信

毛昌祥同志从85年至今担任我中心副主任，协助我主管会所科研和外事工作，协调管理全国、全省杂交水稻攻关工作。88年我派着他到国际水稻研究所和菲律宾大学攻读博士学位，92年学成回国，为我国第一位在职的留学博士。

昌祥同志天资聪明，加上努力，因此学识渊博且水平很高。他已先后六次获科研成果奖，其中两次农业部科技进步一等奖；92-93年两度被联合国粮农组织聘为技术顾问，赴印度指导发展杂交水稻；在国内外诸多学

湖南杂交水稻研究中心

次，在国内和国际刊物上发表过数十篇文章，其中特别是德国 Springer-Verlarg 出版社（世界上在农业生物等领域权威性的出版社）于91年出版的《Bio-technology in Agri. and Forestry 14. Rice》一书中，刊载了他与我合写的"Hybrid Rice"一章（他任主笔，我亦有参与）。此外，还与他协同，成功地组织了首次国际水稻国际学术讨论会和三次杂交水稻国际培训班。

鉴于毛昌祥博士具有很高的学识与业务水平和丰富的科学管理知识能力，本人特建议任他以支撑高科学研究工作。

94.5.13.

建议信

毛昌祥同志从 1985 年至今担任我中心副主任，协助我主管全所科研和外事工作，协调管理全国、全省杂交水稻攻关事宜。1988 年我推荐他到国际水稻研究所和菲律宾大学攻读博士学位，1992 年学成归国，为我院第一位在职的留学博士。

昌祥同志天资聪明，加上学习努力，因此学识渊博且水平较高。他已先后六次获科研成果奖，其中两次农业部科技进步一等奖；1992—1993 年两度被联合国粮农组织聘为技术顾问，赴印度指导发展杂交水稻；在国内外讲学多次，在国内和国际刊物上发表过数十篇文章。其中特别是德国 Springer-Verlarg 出版社（世界上在农业生物界最权威的出版社）于 1991 年出版的 *Biotechnology in Agriculture and Forestry 14. Rice* 一书中，刊载了他与我合写的 "Hybrid Rice" 一章（他系主笔，我只部分参与）。此外，还以他为主，成功地组织了首次杂交水稻国际学术讨论会和三次杂交水稻国际培训班。

鉴于毛昌祥博士已具有很高的学识与业务水平和出色的科研管理织〔组〕织能〔力〕，本人特建议将他破格晋升为研究员。

袁隆平

1994 年 5 月 13 日

农业部科技司收 长阅

建议加大力度发展两系杂交水稻

两系法杂交水稻技术 1987 年被列为国家"863"计划中的重点项目,通过 9 年全国 20 多个单位的协作努力,于 1995 年基本研究成功,技术上已成熟配套,这主要表现在:

1. 育成了一批可供实用的光、温敏不育系,制种失败的风险率下降到 1% 以下;

2. 选配出 9 个通过省级审定的高产、优质组合;

3. 不育系的繁殖和制种技术已过关,制种产量达到三系杂交稻的水平;

4. 建立了一套比较完整的原种生产程序和繁殖、制种体系。

从 1996 年开始,两系法杂交水稻进入中试即生产示范阶段,两年来的生产示范面积累计超过 500 万亩,普遍表现良好,一般比同熟期的三系对照组合增产 5%～10%。如 1997 年河南信阳地区示范培矮 64S/特青 12 万亩,平均亩产 600 公斤左右,比对照汕优 63 高 10% 以上;该组合在湖南两年累计的示范面积近 100 万亩,无论作中稻或双季晚稻,均比三系当家组合亩增 50 公斤左右。此外,两系杂交稻在广东、四川、湖北、安徽和广西等省、区的大面积生产示范中都很成功,普遍受到当地农民的欢迎和领导的重视。

更可喜的是,1997 年两系杂交稻在以下两个方面取得了重大突破:

1. 育成适合在长江流域作双季早稻的优质、高产中熟组合,解决了长期以来常规早籼稻产量低、米质差和三系杂交稻产量虽高但迟熟和米质不好的难题。如香 125S/D68,不仅在湖南省区试中产量名列榜首,而且米质好，八项指标均达到部颁二级米标准。

2. 选育出超高产亚种间苗头组合。如培矮64S/E32,97年在江苏省南京、苏州、高邮三个点共试种3.6亩，平均亩产高达884公斤；培矮64S/9311,在高邮示范300亩，验收103亩，平均亩产703.8公斤。本人多年梦寐以求的超高产水稻，终于在两系法杂交稻上得以实现。我们至少要比曾轰动一时的国际水稻所制定的超级稻育种计划提前6年达标。

鉴于上述两系法杂交水稻的大好形势，我殷切希望农业部制定发展两系杂交稻的规划，在政策、经费和措施上给予大力支持，以利两系杂交稻的顺利推广，为我国的粮食增产作出新贡献。

国家杂交水稻工程技术研究中心

（袁隆平）

1998年1月23日

农业科技司收

建议加大力度发展两系杂交水稻

两系法杂交水稻技术 1987 年被列为国家 "863" 计划中的重点项目，通过 9 年全国 20 多个单位的协作努力，于 1995 年基本研究成功，技术上已成熟配套，这主要表现在：

1. 育成了一批可供实用的光、温敏不育系，制种失败的风险率下降到 1% 以下；

2. 选配出 9 个通过省级审定的高产、优质组合；

3. 不育系的繁殖和制种技术已过关，制种产量达到三系杂交稻的水平；

4. 建立了一套比较完整的原种生产程序和繁殖、制种体系。

从 1996 年开始，两系法杂交水稻进入中试即生产示范阶段，两年来的生产示范面积累计超过 500 万亩，普遍表现良好，一般比同熟期的三系对照组合增产 5%～10%。如 1997 年河南信阳地区示范培矮 64S/ 特青 12 万亩，平均亩产 600 公斤左右，比对照汕优 63 高 10% 以上；该组合在湖南两年累计的示范面积近 100 万亩，无论作中稻或双季晚稻，均比三系当家组合亩增 50 公斤左右。此外，两系杂交稻在广东、四川、湖北、安徽和广西等省、区的大面积生产示范中都很成功，普遍受到当地农民的欢迎和领导的重视。

更可喜的是，1997 年两系杂交稻在以下两个方面取得了重大突破：

1. 育成适合在长江流域作双季早稻的优质、高产中熟组合，解决了长期以来常规早籼稻产量低、米质差和三系杂交稻产量虽高但迟熟和米质不好的难题。如香 125S/D68，不仅在湖南省区试中产量名列榜首，而且米质好，八项指标均达到部颁二级米标准。

2. 选育出超高产亚种间苗头组合。如培矮 64S/E32，1997 年在江苏省南京、苏州、高邮三个点共试种 3.6 亩，平均亩产高达 884 公斤；矮培 64S/9311，在高邮示范 300 亩，验收 103

亩，平均亩产 703.8 公斤。本人多年梦寐以求的超高产水稻，终于在两系法杂交稻上得以实现。我们至少要比曾轰动一时的国际水稻所制定的超级稻育种计划提前 6 年达标。

　　鉴于上述两系法杂交水稻的大好形势，我殷切希望农业部制定发展两系杂交稻的规划，在政策、经费和措施上给予大力支持，以利两系杂交稻的顺利推广，为我国的粮食增产作出新贡献。

国家杂交水稻工程技术研究中心

袁隆平

1998 年 1 月 23 日

湖南杂交水稻研究中心
HUNAN HYBRID RICE RESEARCH CENTER

1998.3.2 收到.
并与 L.P.Swan 通了电话.

MESSAGE NO.:
YOUR REF.:
SUBJECT:

DATE:
NO. OF PAGES:
(INCLUDING THIS COVER)

Dear Dr. Mao:

    现将 FAO 驻北京代表处 Li Xiaofen 的传真件复印一份请你参改。小辛与农业印方有可联系过，他们的意见是，当我们确定后，可直接与 FAO 总部联系，他会告知外方可；或者，确定后，其余乃至他们都可来办说。不知你意如何？请回音！

    此文
礼

袁隆平
98.3.1.

P.O.Box 410125 · Mapoling, Changsha, Hunan Province, P.R.China
Cab: Changsha County 4496. Tel: +86-731-448780 Ext.377 Fax: +86-731-448877

Dear Dr. Mao:

兹将 FAO 驻北京代表给 Li Xiaofen 的传真件复印一份给你，供你参考。小辛与农业部外事司联系过，他们的意见是，当我们确定后，可直接与 FAO R.B① 联系，但要告知外事司；或者，确定后，其它事宜由外事司来办理。不知你意见如何？请回音！

致

礼

袁隆平

1998 年 3 月 1 日

---

① FAO R.B: 联合国粮食及农业组织北京办事处。

150

湖南杂交水稻研究中心
HUNAN HYBRID RICE RESEARCH CENTER

MESSAGE NO.: DATE:
YOUR REF.: NO.OF PAGES:
SUBJECT: (INCLUDING THIS COVER)

FAX: 0298-38-8837

日本国农业研究中心
水稻育种研究室
方建民 博士 收

小方：

　　5月20日的传真信收到。欣悉你和池桥先生将来用分子标记法选育水稻的方案和材料。我认为这是在分子水平上的育种。常规手段与分子技术相结合是今后育种的发展方向，育种效率从而必将大大提高。因此，我很乐意参与这方面的合作研究，和你们一起共同申请丰田汽车集团资助的研究项目。

　　　　　　问候 戴（代）向池桥先生问候　顺以

　　　　　　　　　　　　　　　　　　　袁隆平

P.O. Box 410125 · Mapoling, Changsha, Hunan Province, P.R.China
Cab: Changsha County 4496 Tel: +86-731-448780 Ext.377 Fax: +86-731-448877　98.5.21.

FAX: 0298-38-8837

日本国农业研究中心

水稻育种研究室

万建民　博士　收

小万：

　　5月20日的传真信收到。欣悉你和池桥先生将采用分子标记法选育水稻的广亲和材料，我认为这是在分子水平上的育种，常规手段与分子技术相结合是今后育种的发展方向，育种效率从而必将大大提高，因此，我很乐意参与这方面的合作研究，和你们一起共同申请丰田汽车集团资助的研究经费。

　　顺致

近好

并代向池桥先生问候

袁隆平

1998年5月21日

152

湖南杂交水稻研究中心
HUNAN HYBRID RICE RESEARCH CENTER

MESSAGE NO.:   DATE:
YOUR REF.:   NO. OF PAGES:
SUBJECT: (INCLUDING THIS COVER)

TO: RiceTec, Inc.

       Mr. D. F. Wang

大辉：

     你5月16日的来信和所附$3,360
收到。你在美国工作已近两年，一切
都很顺利，对此，我们甚感欣慰！
希你们继续安心努力工作，当好助手，争
取作出好成绩和贡献，同时，又利用
这个好机会，提高英语水平。不知你
有什么困难、问题和意见，请告之！笔再谈。

P.O. Box 410125 · Mapoling, Changsha, Hunan Province, P.R.China
Cab: Changsha County 4496. Tel: +86-731-4618780 Ext. 377 Fax: +86-731-4481377

顺祝

近安

98.5.29.

To: Rice Tec，Inc.
　　Mr. D. F. Wang

大辉：

　　你 5 月 16 日的来信和所附 $3,360 收到。你在美国工作已逾两年，一切都很顺利，对此，我们甚感欣慰！希望你继续安心努力工作，当好助手，争取做出较大成绩和贡献，同时，要利用这个好机会，提高英语水平。不知你有什么困难、问题和意见，请告知！余再谈。

　　顺祝

近好

袁隆平

1998 年 5 月 29 日

妈妈，稻子熟了 ①

稻子熟了，妈妈，我来看您了。

本来想一个人静静陪您说会话，安江的乡亲们实在是太热情了，天这么热，他们还一直陪着，谢谢他们了。

妈妈，您在安江，我在长沙，隔得很远很远。我在梦里总是想着您，想着安江这个地方。

人事难料啊，您这样一位习惯了繁华都市的大家闺秀，最后竟会永远留在这么一个偏远的小山村。还记得吗？1957 年前，我要从重庆的大学分配到这儿，是您陪着我，脸贴着地图，手指顺着密密麻麻的细线，找了很久，才找到地图上这么一个小点点。当时您叹了口气说："孩子，你到那儿，是要吃苦的呀……"我说："我年轻，我还有一把小提琴。"没想到的是，为了我，为了帮我带小孩，把您也拖到了安江。最后，受累吃苦的，是妈妈您啊！您哪里走得惯乡间的田埂！我总记得，每次都要小孙孙牵着您的手，您才敢走过屋前屋后的田间小道。

安江是我的一切，我却忘了，对一辈子都生活在大城市里的您来说，70 岁了，一切还要重新来适应。我从来没有问过您有什么难处，我总以为会有时间的，会有时间的，等我闲一点一定好好地陪陪您……哪想到，直到您走的时候，我还在长沙忙着开会。那天正好是中秋节，全国的同行都来了，搞杂交水稻不容易啊，我又是召集人，怎么着也得陪大家过这个节啊，只是儿子永远亏欠妈妈您了……其实我知道，那个时候已经是您的最后时刻。我总盼望着妈妈您能多撑两天。谁知道，即便是天不亮就往安江赶，我也还是没能见上妈妈您最后一面。

太晚了，一切都太晚了，我真的好后悔，妈妈当时您一定等了我很久，盼了我很长，您一定有很多话要对儿子说，有很多事要交代。可我怎么就那么糊涂呢！这么多年啊，为什么我就不能少下一次田，少做一次试验，少出一天差，坐下来静静地好好陪

---

① 本篇书信发表于《新湘评论》2011 年第 18 期。

陪您。哪怕……哪怕就一次。

妈妈，每当我的研究取得成果，每当我在国际讲坛上谈笑风生，每当我接过一座又一座奖杯，我总是对人说，这辈子对我影响最深的人就是妈妈您啊！无法想象，没有您的英语启蒙，在一片闭塞中，我怎么能够用英语阅读世界上最先进的科学文献，用超越那个时代的视野，去寻访遗传学大师孟德尔和摩尔根？无法想象，在那个颠沛流离的岁月中，从北平到汉口，从桃源到重庆，没有您的执著和鼓励，我怎么能够获得系统的现代教育，获得在大江大河中自由翱翔的胆识？无法想象，没有您在我的摇篮前跟我讲尼采，讲这位昂扬着生命力、意志力的伟大哲人，我怎么能够在千百次的失败中坚信，必然有一粒种子可以使万千民众告别饥饿？他们说，我用一粒种子改变了世界。我知道，这粒种子，是妈妈您在我幼年时种下的！

稻子熟了，妈妈，您能闻到吗？安江可好？那里的田埂是不是还留着熟悉的欢笑？隔着 21 年的时光啊，我依稀看见，小孙孙牵着您的手，走过稻浪的背影；我还要告诉您，一辈子没有耕种过的母亲，稻芒划过手掌，稻草在场上堆积成垛，谷子在阳光中毕剥作响，水田在西晒下泛出橙黄的颜色。这都是儿子要跟您说的话，说不完的话啊。

袁隆平

图书在版编目（CIP）数据

袁隆平全集 / 柏连阳主编. -- 长沙 ： 湖南科学技术出版社，2024. 5.

ISBN 978-7-5710-2995-1

Ⅰ. S511.035.1-53

中国国家版本馆 CIP 数据核字第 2024RK9743 号

YUAN LONGPING QUANJI DI-SHIYI JUAN

袁隆平全集 第十一卷

主　　编：柏连阳

执行主编：袁定阳　辛业芸

出 版 人：潘晓山

总 策 划：胡艳红

责任编辑：张蓓羽　任　妮　欧阳建文　胡艳红

责任校对：唐艳辉　赖　萍

责任印制：陈有娥

出版发行：湖南科学技术出版社

社　　址：长沙市芙蓉中路一段 416 号泊富国际金融中心

网　　址：http://www.hnstp.com

湖南科学技术出版社天猫旗舰店网址：

　　　　　http://hnkjcbs.tmall.com

邮购联系：本社直销科 0731-84375808

印　　刷：湖南众鑫印务有限责任公司

　　　　　（印装质量问题请直接与本厂联系）

厂　　址：湖南省长沙市长沙县榔梨街道梨江大道 20 号

邮　　编：410100

版　　次：2024 年 5 月第 1 版

印　　次：2024 年 5 月第 1 次印刷

开　　本：889mm×1194mm　1/16

印　　张：11

字　　数：146 千字

书　　号：ISBN 978-7-5710-2995-1

定　　价：3800.00 元（全 12 卷）

后环衬图片：袁隆平、邓则夫妇同游庐山植物园